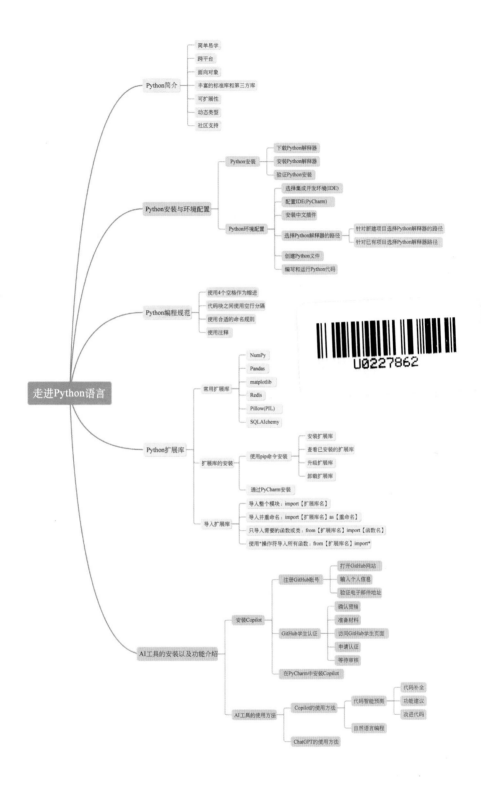

走进Python语言

- Python简介
  - 简单易学
  - 跨平台
  - 面向对象
  - 丰富的标准库和第三方库
  - 可扩展性
  - 动态类型
  - 社区支持

- Python安装与环境配置
  - Python安装
    - 下载Python解释器
    - 安装Python解释器
    - 验证Python安装
  - Python环境配置
    - 选择集成开发环境(IDE)
    - 配置IDE(PyCharm)
    - 安装中文插件
    - 选择Python解释器的路径
      - 针对新建项目选择Python解释器的路径
      - 针对已有项目选择Python解释器路径
    - 创建Python文件
    - 编写和运行Python代码

- Python编程规范
  - 使用4个空格作为缩进
  - 代码块之间使用空行分隔
  - 使用合适的命名规则
  - 使用注释

- Python扩展库
  - 常用扩展库
    - NumPy
    - Pandas
    - matplotlib
    - Redis
    - Pillow(PIL)
    - SQLAlchemy
  - 扩展库的安装
    - 使用pip命令安装
      - 安装扩展库
      - 查看已安装的扩展库
      - 升级扩展库
      - 卸载扩展库
    - 通过PyCharm安装
  - 导入扩展库
    - 导入整个模块：import 【扩展库名】
    - 导入并重命名：import 【扩展库名】as 【重命名】
    - 只导入需要的函数或类：from 【扩展库名】import 【函数名】
    - 使用*操作符导入所有函数：from 【扩展库名】import*

- AI工具的安装以及功能介绍
  - 安装Copilot
    - 注册GitHub账号
      - 打开GitHub网站
      - 输入个人信息
      - 验证电子邮件地址
    - GitHub学生认证
      - 确认资格
      - 准备材料
      - 访问GitHub学生页面
      - 申请认证
      - 等待审核
    - 在PyCharm中安装Copilot
  - AI工具的使用方法
    - Copilot的使用方法
      - 代码智能预测
        - 代码补全
        - 功能建议
        - 改进代码
      - 自然语言编程
    - ChatGPT的使用方法

U0227862

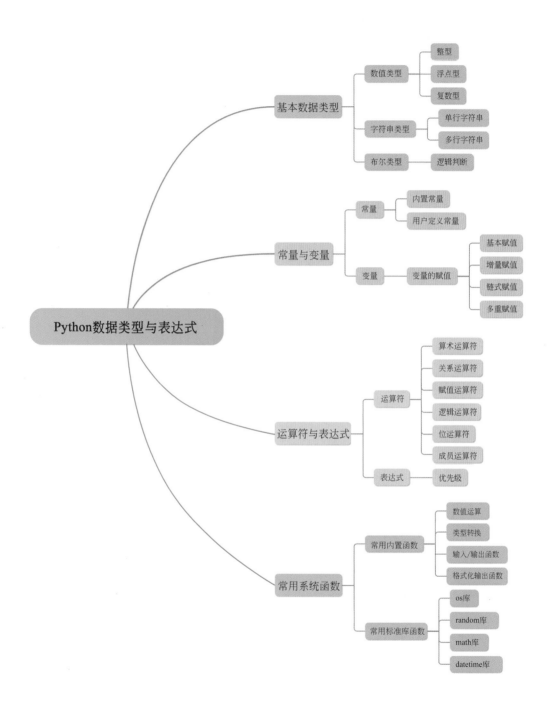

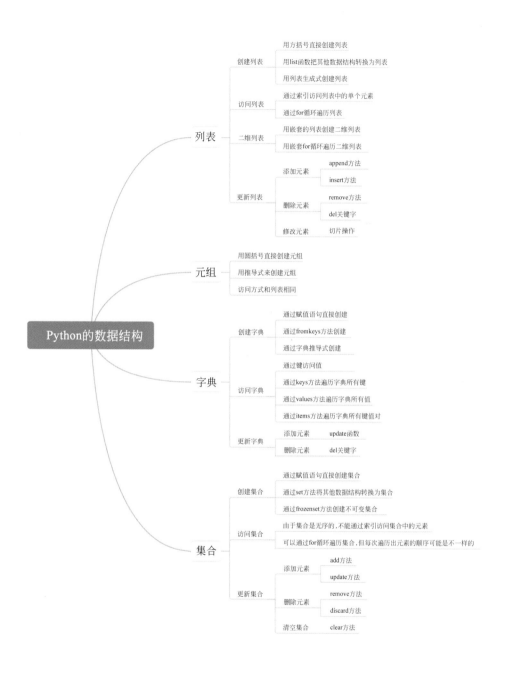

Python的数据结构

列表
- 创建列表
  - 用方括号直接创建列表
  - 用list函数把其他数据结构转换为列表
  - 用列表生成式创建列表
- 访问列表
  - 通过索引访问列表中的单个元素
  - 通过for循环遍历列表
- 二维列表
  - 用嵌套的列表创建二维列表
  - 用嵌套for循环遍历二维列表
- 更新列表
  - 添加元素
    - append方法
    - insert方法
  - 删除元素
    - remove方法
    - del关键字
  - 修改元素
    - 切片操作

元组
- 用圆括号直接创建元组
- 用推导式来创建元组
- 访问方式和列表相同

字典
- 创建字典
  - 通过赋值语句直接创建
  - 通过fromkeys方法创建
  - 通过字典推导式创建
- 访问字典
  - 通过键访问值
  - 通过keys方法遍历字典所有键
  - 通过values方法遍历字典所有值
  - 通过items方法遍历字典所有键值对
- 更新字典
  - 添加元素   update函数
  - 删除元素   del关键字

集合
- 创建集合
  - 通过赋值语句直接创建集合
  - 通过set方法将其他数据结构转换为集合
  - 通过frozenset方法创建不可变集合
- 访问集合
  - 由于集合是无序的,不能通过索引访问集合中的元素
  - 可以通过for循环遍历集合,但每次遍历出元素的顺序可能是不一样的
- 更新集合
  - 添加元素
    - add方法
    - update方法
  - 删除元素
    - remove方法
    - discard方法
  - 清空集合   clear方法

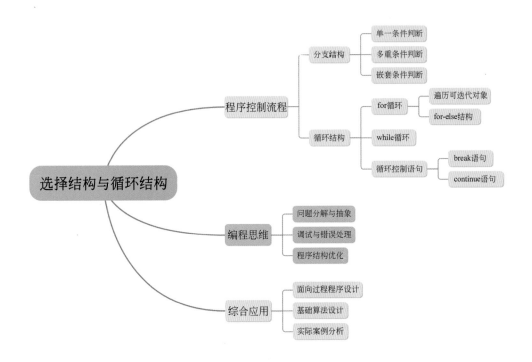

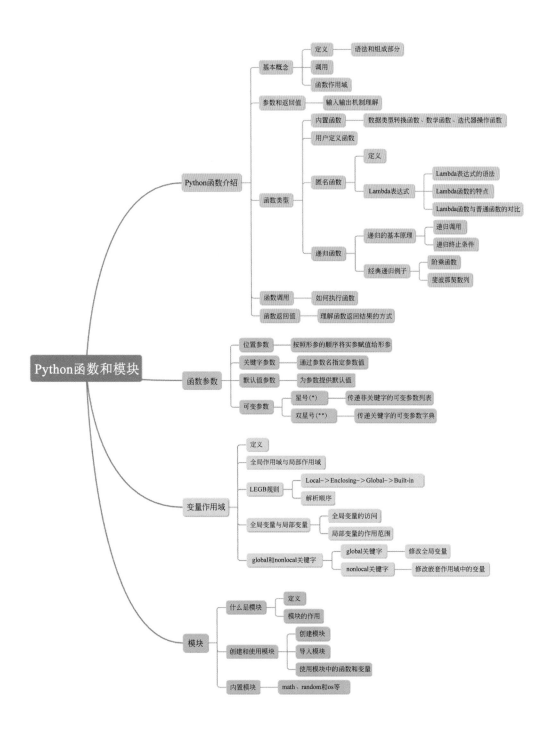

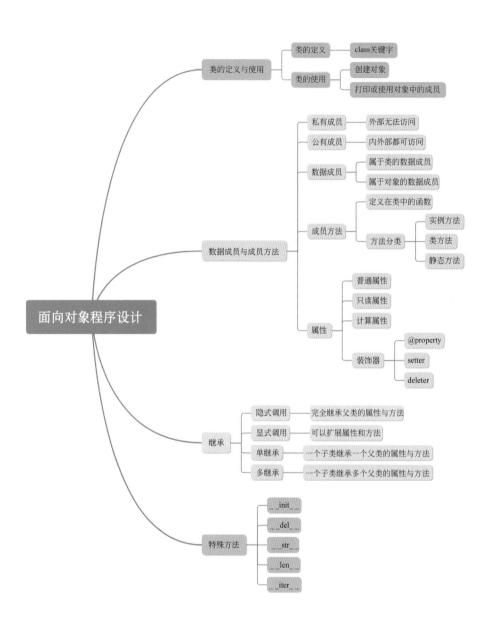

面向对象程序设计

- 类的定义与使用
  - 类的定义 —— class关键字
  - 类的使用
    - 创建对象
    - 打印或使用对象中的成员

- 数据成员与成员方法
  - 私有成员 —— 外部无法访问
  - 公有成员 —— 内外部都可访问
  - 数据成员
    - 属于类的数据成员
    - 属于对象的数据成员
  - 成员方法
    - 定义在类中的函数
    - 方法分类
      - 实例方法
      - 类方法
      - 静态方法
  - 属性
    - 普通属性
    - 只读属性
    - 计算属性
    - 装饰器
      - @property
      - setter
      - deleter

- 继承
  - 隐式调用 —— 完全继承父类的属性与方法
  - 显式调用 —— 可以扩展属性和方法
  - 单继承 —— 一个子类继承一个父类的属性与方法
  - 多继承 —— 一个子类继承多个父类的属性与方法

- 特殊方法
  - __init__
  - __del__
  - __str__
  - __len__
  - __iter__

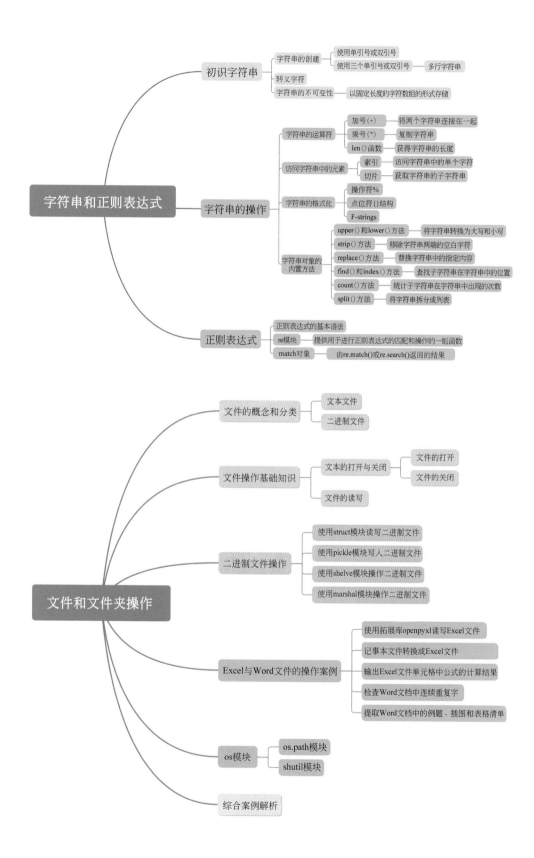

字符串和正则表达式

- 初识字符串
  - 字符串的创建
    - 使用单引号或双引号
    - 使用三个单引号或双引号 —— 多行字符串
  - 转义字符
  - 字符串的不可变性 —— 以固定长度的字符数组的形式存储

- 字符串的操作
  - 字符串的运算符
    - 加号（+）—— 将两个字符串连接在一起
    - 乘号（*）—— 复制字符串
    - len()函数 —— 获得字符串的长度
  - 访问字符串中的元素
    - 索引 —— 访问字符串中的单个字符
    - 切片 —— 获取字符串的子字符串
  - 字符串的格式化
    - 操作符%
    - 点位符{}结构
    - F-strings
  - 字符串对象的内置方法
    - upper()和lower()方法 —— 将字符串转换为大写和小写
    - strip()方法 —— 移除字符串两端的空白字符
    - replace()方法 —— 替换字符串中的指定内容
    - find()和index()方法 —— 查找子字符串在字符串中的位置
    - count()方法 —— 统计子字符串在字符串中出现的次数
    - split()方法 —— 将字符串拆分成列表

- 正则表达式
  - 正则表达式的基本语法
  - re模块 —— 提供用于进行正则表达式的匹配和操作的一组函数
  - match对象 —— 由re.match()或re.search()返回的结果

文件和文件夹操作

- 文件的概念和分类
  - 文本文件
  - 二进制文件

- 文件操作基础知识
  - 文本的打开与关闭
    - 文件的打开
    - 文件的关闭
  - 文件的读写

- 二进制文件操作
  - 使用struct模块读写二进制文件
  - 使用pickle模块写入二进制文件
  - 使用shelve模块操作二进制文件
  - 使用marshal模块操作二进制文件

- Excel与Word文件的操作案例
  - 使用拓展库openpyxl读写Excel文件
  - 记事本文件转换成Excel文件
  - 输出Excel文件单元格中公式的计算结果
  - 检查Word文档中连续重复字
  - 提取Word文档中的例题、插图和表格清单

- os模块
  - os.path模块
  - shutil模块

- 综合案例解析

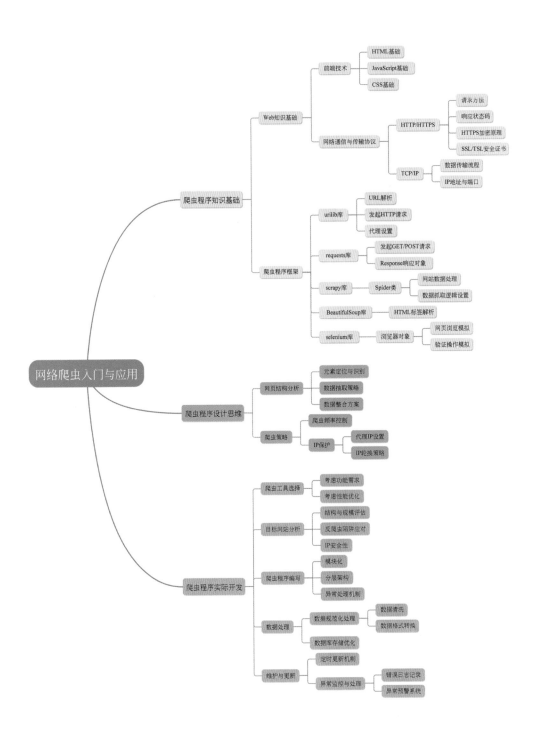

网络爬虫入门与应用

爬虫程序知识基础
- Web知识基础
  - 前端技术
    - HTML基础
    - JavaScript基础
    - CSS基础
  - 网络通信与传输协议
    - HTTP/HTTPS
      - 请求方法
      - 响应状态码
      - HTTPS加密原理
      - SSL/TLS安全证书
    - TCP/IP
      - 数据传输流程
      - IP地址与端口
- 爬虫程序框架
  - urllib库
    - URL解析
    - 发起HTTP请求
    - 代理设置
  - requests库
    - 发起GET/POST请求
    - Response响应对象
  - scrapy库
    - Spider类
      - 网站数据处理
      - 数据抓取逻辑设置
  - BeautifulSoup库
    - HTML标签解析
  - selenium库
    - 浏览器对象
      - 网页浏览模拟
      - 验证操作模拟

爬虫程序设计思维
- 网页结构分析
  - 元素定位与识别
  - 数据抽取策略
  - 数据整合方案
- 爬虫策略
  - 爬虫频率控制
  - IP保护
    - 代理IP设置
    - IP轮换策略

爬虫程序实际开发
- 爬虫工具选择
  - 考虑功能需求
  - 考虑性能优化
- 目标网站分析
  - 结构与规模评估
  - 反爬虫陷阱应对
  - IP安全性
- 爬虫程序编写
  - 模块化
  - 分层架构
  - 异常处理机制
- 数据处理
  - 数据规范化处理
    - 数据清洗
    - 数据格式转换
  - 数据库存储优化
- 维护与更新
  - 定时更新机制
  - 异常监控与处理
    - 错误日志记录
    - 异常预警系统

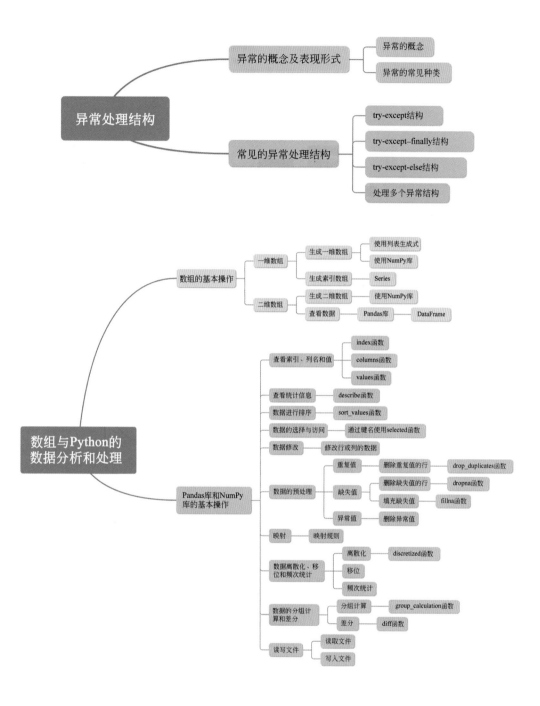

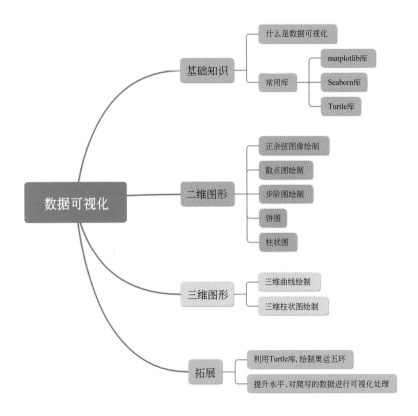

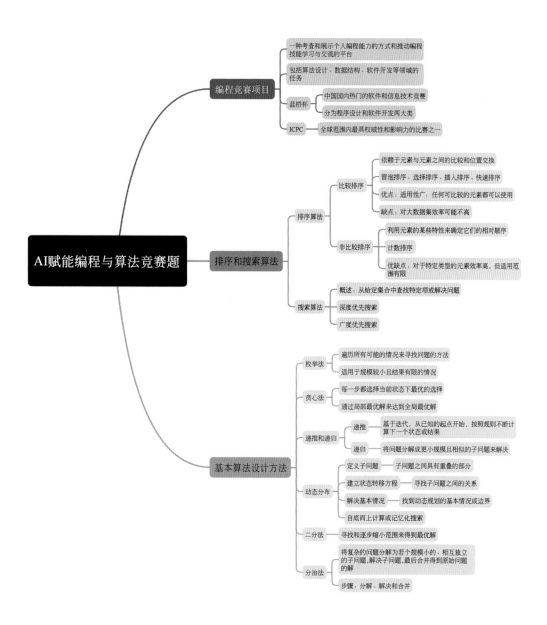

AI赋能编程与算法竞赛题

编程竞赛项目
- 一种考查和展示个人编程能力的方式和推动编程技能学习与交流的平台
- 包括算法设计、数据结构、软件开发等领域的任务
- 蓝桥杯
  - 中国国内热门的软件和信息技术竞赛
  - 分为程序设计和软件开发两大类
- ICPC —— 全球范围内最具权威性和影响力的比赛之一

排序和搜索算法
- 排序算法
  - 比较排序
    - 依赖于元素与元素之间的比较和位置交换
    - 冒泡排序、选择排序、插入排序、快速排序
    - 优点：适用性广，任何可比较的元素都可以使用
    - 缺点：对大数据集效率可能不高
  - 非比较排序
    - 利用元素的某些特性来确定它们的相对顺序
    - 计数排序
    - 优缺点：对于特定类型的元素效率高，但适用范围有限
- 搜索算法
  - 概述：从给定集合中查找特定项或解决问题
  - 深度优先搜索
  - 广度优先搜索

基本算法设计方法
- 枚举法
  - 遍历所有可能的情况来寻找问题的方法
  - 适用于规模较小且结果有限的情况
- 贪心法
  - 每一步都选择当前状态下最优的选择
  - 通过局部最优解来达到全局最优解
- 递推和递归
  - 递推 —— 基于迭代，从已知的起点开始，按照规则不断计算下一个状态或结果
  - 递归 —— 将问题分解成更小规模且相似的子问题来解决
- 动态分布
  - 定义子问题 —— 子问题之间具有重叠的部分
  - 建立状态转移方程 —— 寻找子问题之间的关系
  - 解决基本情况 —— 找到动态规划的基本情况或边界
  - 自底而上计算或记忆化搜索
- 二分法 —— 寻找和逐步缩小范围来得到最优解
- 分治法
  - 将复杂的问题分解为若干规模小的、相互独立的子问题，解决子问题，最后合并得到原始问题的解
  - 步骤：分解、解决和合并

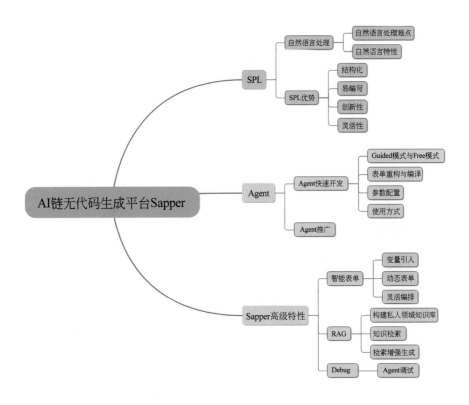

AI链无代码生成平台Sapper

- SPL
  - 自然语言处理
    - 自然语言处理难点
    - 自然语言特性
  - SPL优势
    - 结构化
    - 易编写
    - 创新性
    - 灵活性
- Agent
  - Agent快速开发
    - Guided模式与Free模式
    - 表单重构与编译
    - 参数配置
    - 使用方式
  - Agent推广
- Sapper高级特性
  - 智能表单
    - 变量引入
    - 动态表单
    - 灵活编排
  - RAG
    - 构建私人领域知识库
    - 知识检索
    - 检索增强生成
  - Debug
    - Agent调试

全国高等学校计算机教育研究会"十四五"规划教材

全国高等学校
计算机教育研究会
"十四五"
系列教材

丛书主编 郑 莉

人工智能编程

（赋能Python语言）

廖云燕 曾锦山 黄箐 邢振昌 / 编著

清华大学出版社
北京

内 容 简 介

本书是一本全面探讨人工智能在 Python 编程领域应用的教材，内容涵盖从 Python 编程语言的基础知识到高级编程技巧，再到人工智能赋能实际应用的全面内容，主要包括 Python 语言基本概念，人工智能辅助工具概况，Python 数据类型、运算符与表达式，Python 控制结构、函数、数据结构、文件处理以及面向对象编程等复杂的编程概念。本书同时专注于人工智能工具在编程中的高阶应用，引导读者学习如何利用 Python 解决各类大赛中的竞赛题，以及如何在团队研究中高效使用各种工具，使读者能够将理论知识与实践紧密结合，拓展人工智能领域的应用视野与能力。

整体而言，本书是为希望掌握人工智能赋能 Python 语言的学习者量身定做的。通过系统的学习和实践，本书可以帮助读者更好地适应未来技术的发展需求。

图书在版编目(CIP)数据

人工智能编程：赋能 Python 语言 / 廖云燕等编著. -- 北京：清华大学出版社，2024.12. -- （全国高等学校计算机教育研究会"十四五"系列教材）. -- ISBN 978-7-302-67510-5

Ⅰ. TP312.8

中国国家版本馆 CIP 数据核字第 2024TD0213 号

责任编辑：郭　赛
封面设计：傅瑞学
责任校对：郝美丽
责任印制：丛怀宇

出版发行：清华大学出版社
　　　　　网　　　址：https://www.tup.com.cn，https://www.wqxuetang.com
　　　　　地　　　址：北京清华大学学研大厦 A 座　　　　　　邮　　编：100084
　　　　　社 总 机：010-83470000　　　　　　　　　　　　　邮　　购：010-62786544
　　　　　投稿与读者服务：010-62776969，c-service@tup.tsinghua.edu.cn
　　　　　质量反馈：010-62772015，zhiliang@tup.tsinghua.edu.cn
　　　　　课件下载：https://www.tup.com.cn，010-83470236
印 装 者：三河市铭诚印务有限公司
经　　销：全国新华书店
开　　本：185mm×260mm　　印　张：15.75　　插　页：6　　字　　数：399 千字
版　　次：2024 年 12 月第 1 版　　　　　　　　　　　　　　印　次：2024 年 12 月第 1 次印刷
定　　价：54.50 元

产品编号：104043-01

PREFACE

序

作为一名一直从事计算机教育工作的同行,我非常高兴能够为本套人工智能编程丛书撰写序言。这套教材以赋能 C 语言、Java 语言和 Python 语言为基础,旨在为广大读者提供系统而全面的人工智能编程教材。

随着人工智能技术的迅速发展和广泛应用,人工智能编程已成为计算机领域不可或缺的重要组成部分。为了满足不同读者的需求,本套教材对内容和编程语言的选择均给予了充分的考虑。

教材分为四部分:入门之人工智能基础、入门之程序设计基础、高阶之竞赛和系统设计实战,以及作者团队研发的 AI 链无代码生产平台 Prompt Sapper 的简介。

第一部分为读者介绍编程环境和人工智能工具的安装和配置,通过对理论知识的讲解和实际案例的分析,使读者逐步建立对编程环境和人工智能工具的基本认知。

第二部分引导读者进入计算机编程的世界。无论读者选择学习 C 语言、Java 语言还是 Python 语言版的教材,都能循序渐进地学习编程语言的基础知识,了解程序的构建和设计思路,选择相关工具以编写简单实用的程序,并理解程序执行的流程和逻辑。

第三部分带领读者深入探索人工智能编程的应用场景和技术挑战。无论是参加 ICPC、蓝桥杯等竞赛,还是参与基于大型语言模型的编程学习与辅助系统实战项目,读者都可以从本套教材中学习到相关的算法设计、性能优化和系统设计的技巧。通过真实的竞赛试题和实践案例,读者将大幅提高自己的程序设计能力和问题解决能力。

第四部分特别介绍了作者团队的研发成果——AI 链无代码生产平台 Prompt Sapper。该平台旨在通过简单的拖曳操作和配置方式,使更多的人能够参与到人工智能应用的开发中,无须深入掌握复杂的编程技术,即可创造出高效且实用的人工智能解决方案。

无论读者是计算机专业程序设计类课程的学生,还是非计算机专业程序设计基础类课程的学生,阅读本套教材均能够获得丰富且实用的知识和技能。通过系统的学习和实践,读者将掌握人工智能编程的基本概念、技术和应用。总而言之,人工智能辅助编程的相关教材对于读者而言是很好的引导和助力,非常值得推广!

　　我衷心希望这套教材能够激发读者对人工智能编程的兴趣,并为读者未来的学习和职业发展打下坚实的基础。

郑　莉

清华大学计算机科学与技术系教授

全国高等学校计算机教育研究会副理事长

FOREWORD

前言

    当今,人工智能已成为热门话题,它正在逐渐改变人们的生活和工作方式。Python 作为一种简洁、高效、易学的编程语言,已成为人工智能领域的首选语言。学习 Python 可以为学习其他编程语言打下坚实的基础,这对于计算机和非计算机专业的学生而言都是至关重要的。本书从 Python 语言的基础知识开始讲解,并结合人工智能编程的理论和实践,通过具体的示例和练习引导读者学习 Python 语言编程。

    除了介绍人工智能辅助 Python 语言的基础学习,本书还介绍编程竞赛题和作者团队开发的 AI 链无代码生产平台 Prompt Sapper 等内容。通过实际案例和项目,本书将帮助读者更加系统地了解如何使用 Python 语言。

    本书由廖云燕、曾锦山、黄箐和邢振昌编著。感谢王佳敏、李亚坤、冯国栋、舒心悦、石荣旦、江洋、彭涛、黄瑾龙、贺星锐、姚贺庆、潘硕、王冲、李蔚然、唐琛、皮璟翱、王浩然等同学参与本书案例实验等相关内容的编写工作。

    在阅读本书的过程中,我们建议读者按照章节顺序逐步学习,同时动手实践每个章节的案例。此外,本书还提供丰富的习题和拓展资料,以供读者巩固所学知识和提高实践能力。

    最后,希望通过对本书的学习,读者能够掌握 Python 语言编程的基础知识,并了解如何将人工智能技术应用于自己的编程项目。我们期待读者在阅读本书的过程中能够充分体会人工智能编程的魅力,为未来的学习和工作奠定坚实的基础。读者如果在阅读过程中遇到困难,请邮件联系 liaoyunyan@foxmail.com。

编 者

2024 年 10 月

CONTENTS

目录

走进 Python 语言

Python 是一种面向对象的交互式编程语言,由 Guido van Rossum 在 20 世纪 90 年代初开发,具有可读性高、可维护性强等特点。虽然 Python 仅诞生了 30 多年,但其应用十分广泛,如网络开发、数据分析、自动化脚本、科学计算、人工智能、金融与量化交易和网络安全等。随着我国科技的蓬勃发展,Python 在各个领域的应用前景将更加广阔。

本章学习目标

一、知识目标

1. 掌握 Python 的基础知识,如 Python 的特点以及 Python 的开发环境安装与配置。

2. 掌握 Python 的语法,养成良好的编程习惯,能够独立编写出简单的 Python 程序。

二、技能目标

1. 通过讲解、示例和练习等方式,理解 Python 语言的编程思想和编程规范。

2. 通过实际操作,把学到的知识应用到解决实际问题中,培养动手能力和编程思维。

三、情感态度和价值目标

1. 通过学习 Python 编程,深化对科学和技术的理解。

2. 培养积极主动的学习态度和创新精神,以及尊重知识产权和网络道德的意识。

◇ 1.1 Python 简介

Python 是一种高级编程语言,更是一种解释型、面向对象和动态数据类型的编程语言。Python 的设计哲学强调代码的可读性和简洁性,以让程序员能够用更少的代码量完成任务,从而提高开发效率。

1. 跨平台

Python 是一种跨平台编程语言,可以在多种操作系统上运行,如 Windows、Linux、macOS 等,这使得 Python 在各种开发环境中都具有较高的灵活性。

2. 面向对象

Python 是一种面向对象的编程语言,支持封装、继承和多态等面向对象编程特性,这使得 Python 更加强大和灵活,可以更好地应对复杂的项目需求。

3. 丰富的标准库和第三方库

Python 具有丰富的标准库和第三方库,涵盖了许多领域,如 Web 开发、数据分析、机器学习和图形用户界面(GUI)开发等,这使得 Python 在各种场景下都能发挥巨大的作用。

4. 可扩展性

Python 支持与其他编程语言(如 C/C++、Java 等)的集成,可以实现高效的功能扩展。此外,Python 的源代码遵循 GPL(GNU General Public License)协议,是开源和免费的,允许程序员自由地修改和扩展。

5. 动态类型

Python 是一种动态类型的编程语言,不需要预先声明变量类型,这使得 Python 在处理数据时更加灵活,可以适应不同的数据类型。

6. 社区支持

Python 拥有庞大的开发者社区,为初学者和专业人士提供了丰富的学习资源、工具和支持,这使得 Python 在解决开发过程中的问题时更加便捷。

◆ 1.2　Python 安装与环境配置

1.2.1　Python 安装

1. 下载 Python 解释器

打开浏览器,访问 Python 官方网站(https://www.python.org)并下载适用于操作系统的 Python 解释器。以 Windows 系统为例,在 Downloads 处选择 Windows 系统下载所需的版本,如图 1-1 所示。

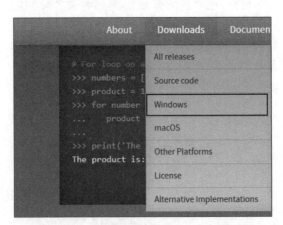

图 1-1　在 Python 官网下载 Python 安装包

2. 安装 Python 解释器

在文件夹中找到下载的安装包,双击安装包,按照安装向导的指示进行操作。安装方式分为立即安装(Install Now)和自定义安装(Customize installation),本教材选择自定义安装。

注意:在选择安装方式前要勾选"添加到环境变量"复选框,这样在 Python 解释器安装完成后即可直接在命令提示符环境中运行 Python 代码,如图 1-2 所示。

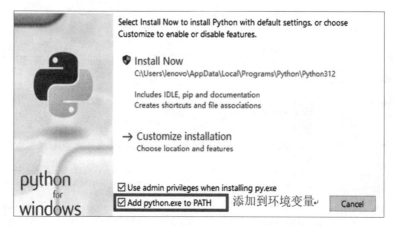

图 1-2　安装 Python 解释器

3. 验证 Python 安装

选择自定义安装(Customize installation)后会跳转到下一个页面,勾选所有复选框,接下来按照指示进行操作。安装完成后,打开命令提示符(Windows)或终端(macOS 和 Linux)并输入"python"命令,之后按 Enter 键,如果看到 Python 解释器的版本信息则证明安装成功。在"开始"菜单栏中搜索"IDLE",也会显示相应的软件。

1.2.2　Python 环境配置

1. 选择集成开发环境(IDE)

常见的 IDE 包括 PyCharm 和 Visual Studio Code 等。不同的 IDE 可以从相应的官方网站上下载并安装。本教材选用的 IDE 是 PyCharm。PyCharm 是由 JetBrains 打造的一款 Python IDE,支持 macOS、Windows 和 Linux 系统。PyCharm 具有调试、语法高亮、Project 管理、代码跳转、智能提示、自动完成、单元测试和版本控制等功能。读者可在 PyCharm 官方网站(https://www.jetbrains.com/pycharm/download)下载。

2. 配置 IDE(PyCharm)

PyCharm 安装完成后,读者需要打开它并进行一些基本配置。例如安装插件、选择 Python 解释器的路径、设置代码风格和主题等。IDE 提供了对用户友好的图形界面,读者能够轻松地进行配置。

3. 安装中文插件

打开菜单栏 File,选择 Settings,然后选择 Plugins,单击 Marketplace,搜索 Chinese,选择 Chinese Language,然后单击 install 即可完成安装,如图 1-3 所示。

4. 选择 Python 解释器的路径

1) 针对新建项目选择 Python 解释器的路径

打开 PyCharm,单击"新建项目"(或者使用快捷键 Ctrl+Alt+Shift+Insert)。在弹出的"新建项目"窗口中选择项目类型(例如纯 Python 和 Django 等)。在项目"名称"和"位置"中填写相关信息,选择 Interpreter type 后,选择 Python 版本。完成以上设置后,单击"创建"按钮,如图 1-4 所示。

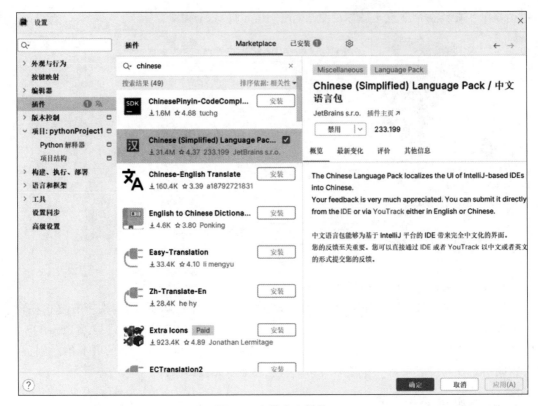

图 1-3　安装中文插件

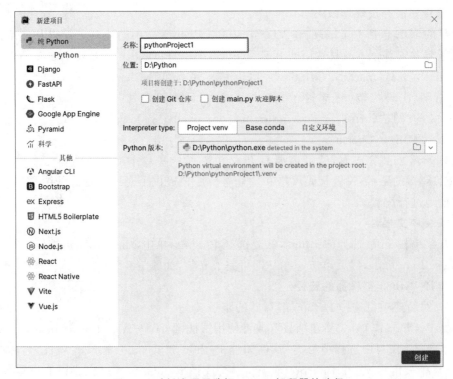

图 1-4　对新建项目选择 Python 解释器的路径

2) 针对已有项目选择 Python 解释器路径

打开 PyCharm,进入"文件",选择"设置"(或者使用快捷键 Ctrl＋Alt＋S)。在"设置"窗口中选择"项目",然后单击项目名(创建项目时的命名)。在"项目"页面选择"Python 解释器"。单击"Python 解释器"的下拉菜单,并选择系统安装的 Python 解释器。如果读者需要指定一个特定的 Python 解释器路径,可以选择"添加解释器"来添加新的解释器。在弹出的窗口中,浏览到 Python 解释器的安装位置,然后单击"确定"按钮,如图 1-5 所示。

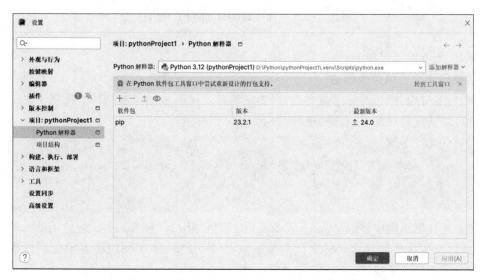

图 1-5　对已有项目选择 Python 解释器的路径

5. 创建 Python 文件

单击右键,选择"新建"→"文件",对文件进行命名,然后单击空白处,这样就创建了一个 Python 文件。为了对文件进行保存,读者可以在项目下新建目录,把 Python 文件保存至不同的目录中。在新建的项目下单击右键,选择"新建"→"目录",设置目录名称,在新建的目录下新建 Python 文件如图 1-6 所示。

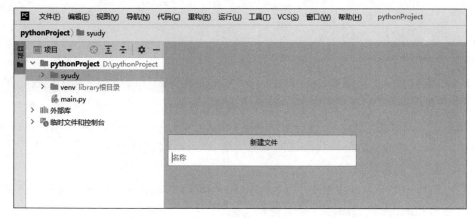

图 1-6　创建 Python 文件

6. 编写和运行 Python 代码

在新建的文件中输入以下代码,然后单击右键,选择"运行【文件名】"(或者使用快捷键

Ctrl＋Shift＋F10),之后屏幕上就会显示"Hello Python"。

```
print("Hello Python !")
```

输出结果如下。

```
Hello Python !
```

◆ 1.3　Python 编程规范

在 Python 编程过程中,通常需要遵循以下规范。

1. 使用 4 个空格作为缩进

在 Python 中,缩进是非常重要的,因为它约束了代码块的层次结构。使用 4 个空格作为缩进可以让代码更易于阅读和理解,如下所示。

```
def yan_er_dao_lin():
    print("掩耳盗铃:偷铃铛的人怕别人听见,所以捂住自己的耳朵。")


yan_er_dao_lin()
```

在上述代码示例中,代码"yan_er_dao_ling:"和"print("掩耳盗铃:偷铃铛的人怕别人听见,所以捂住自己的耳朵。")"之间的缩进就是 4 个空格。这种缩进表示这两行代码是 yan_er_dao_ling()函数的一部分。

2. 代码块之间使用空行分隔

在代码块之间使用空行可以让代码更易于阅读和理解,代码如下所示。

```
def hello_world():
    print("Hello, World!")


def yan_er_dao_ling():
    print("掩耳盗铃:偷铃铛的人怕别人听见,所以捂住自己的耳朵。")


hello_world()
yan_er_dao_ling()
```

以上示例定义了两个函数：hello_world()和 yan_er_dao_ling()。这两个函数之间使用了一个空行进行分隔,使得代码更易于阅读和理解。此外,在 hello_world()和 yan_er_dao_ling()函数的定义之间,以及 hello_world()和 yan_er_dao_ling()函数的调用之间,也使用了空行进行分隔。这些空行使得代码结构更加清晰,有助于阅读和理解。

3. 使用合适的命名规则

变量、函数和类等名称应该使用小写字母和下画线,并且名称应该能够反映其含义。例如,可以使用 numlist 或 char_list 命名变量。

4. 使用注释

在代码中添加注释可以帮助其他人理解代码的意图和功能,所以建议在代码中添加注释,以解释复杂的算法或决策。Python 中的单行注释以"＃"开头。

```
#这是一个简单的 Python 代码示例,演示了如何在代码中添加注释

def yan_er_dao_ling():
    #打印"掩耳盗铃"的典故解释
    print("掩耳盗铃: 偷铃铛的人怕别人听见,所以捂住自己的耳朵。")

#调用 yan_er_dao_ling 函数
yan_er_dao_ling()
```

以上示例使用了"♯"符号来添加注释。注释是一种用于解释代码功能和意图的说明,它不会被 Python 解释器执行。在 yan_er_dao_ling 函数的定义之前,添加注释可以说明这个函数的功能。此外,在 yan_er_dao_ling() 函数的调用之前,也添加了注释来说明这次调用的目的。

◆ 1.4　Python 扩展库

扩展库是由其他开发者编写的 Python 代码集合,它们提供了额外的功能和工具,可以帮助读者更高效地开发 Python 应用程序。扩展库可以用于多种用途,例如网络请求、数据处理和图像处理等。

1.4.1　常用扩展库

1. NumPy

用于科学计算的工具,主要提供了对多维数组对象的支持以及一些数据操作的函数。

2. Pandas

用于数据处理和分析的库,提供了如 Data Frame 这样的数据结构以及一些数据操作函数,可以用于数据清洗、聚合和过滤等操作。

3. matplotlib

一个用于绘制 2D 图形和图表的库,提供了大量的绘图函数,可以方便地创建各种静态、动态和交互式的可视化图形。

4. Redis

用于操作 Redis 数据库的库,提供了与 Redis 数据库进行交互的函数,用于缓存和队列等场景。

5. Pillow(PIL)

用于图像处理的库,提供了各种图像格式支持以及图像操作函数,如打开、保存、裁剪和旋转等。

6. SQLAlchemy

用于操作关系数据库的 ORM(对象关系映射)库,可以将数据库表映射为 Python 对象,简化了数据库操作。

1.4.2　扩展库的安装

1. 使用 pip 命令安装

pip 是 Python 的第三方包管理工具,它可以方便地帮助读者安装 Python 扩展库,安装

步骤如下。

1）安装扩展库

在命令行中输入"pip install＋库名"（例如：pip install numpy），即可安装指定的 Python 扩展库。

```
pip install numpy
```

2）查看已安装的扩展库

在命令行中输入"pip list"，可以查看已经安装的 Python 扩展库。

```
pip list
```

3）升级扩展库

在命令行中输入"pip install -U＋库名"，即可升级指定的 Python 扩展库。

```
pip install -U numpy
```

4）卸载扩展库

在命令行中输入"pip uninstall＋库名"，即可卸载指定的 Python 扩展库。

```
pip uninstall numpy
```

2. 通过 PyCharm 安装

以 NumPy 为例打开 PyCharm。

（1）选择"文件"→"设置"（或者使用快捷键 Ctrl＋Alt＋S），在弹出的设置窗口中选择"项目：你的项目名称"，单击"Python 解释器"。

（2）在 Python 解释器页面单击左下角的"＋"按钮，在弹出的窗口中搜索 NumPy，选择合适的版本，单击"安装软件包"。

（3）安装完成后，即可在 Python 环境中导入并使用 NumPy 库。

1.4.3　导入扩展库

（1）导入整个模块：import【扩展库名】。

```
import numpy
```

这种方式会导入 NumPy 库，但不会直接导入库的任何函数或者变量。如果想使用库内的函数或者变量，需要使用 NumPy 作为前缀，例如 NumPy.array()、NumPy.dot()等。

（2）导入并重命名：import【扩展库名】as【重命名】。

```
import numpy as np
```

这种方式会导入 NumPy 库，在赋予它一个别名 np 之后，可以使用 np 来调用 NumPy 库中的函数和方法。

（3）只导入需要的函数或类：from【扩展库名】import【函数名】。

```
from numpy import array, dot
```

这种方式只会导入 NumPy 库中的 array 和 dot 函数，用户可以直接使用这两个函数，而不需要使用 NumPy 作为前缀。

（4）使用"＊"操作符导入所有函数：from【扩展库名】import ＊。

```
from numpy import *
```

这种方式会导入 NumPy 库中的所有函数和变量。但是通常不建议使用这种方式，因为它可能会导致命名空间的污染。

◇ 1.5　AI 工具的安装以及功能介绍

1.5.1　安装 Copilot

1. 注册 GitHub 账号

1）打开 GitHub 网站

在浏览器地址栏中输入 https://github.com 或直接搜索 GitHub，然后单击网站上的 Sign up 按钮。

2）输入个人信息

在注册表单中填写个人信息，包括姓名和电子邮件地址。还需要设置一个用户名和密码。这些信息用于登录 GitHub 网站。

3）验证电子邮件地址

注册完成后，需要验证电子邮件地址。GitHub 会向所提供的电子邮件地址发送一封验证邮件，单击邮件中的链接以完成验证过程。

2. GitHub 学生认证

1）确认资格

确认用户是否符合学生认证的资格，只有高等教育机构的学生才能申请。

2）准备材料

为了申请学生认证，用户需要准备以下材料：

（1）所在学校的电子邮件地址；

（2）学生证、学费账单和学校官方 letterhead 等的扫描件或照片。

3）访问 GitHub 学生页面

进入学生认证官方网站（https://education.github.com/pack/），搜索或访问 GitHub Student Developer Pack 页面，单击 Get student benefits 进入申请页面。

4）申请认证

在学生页面单击"申请"按钮或链接，按照指示填写表单，上传证明文件。

5）等待审核

提交申请后，耐心等待 GitHub 的审核。申请获批后用户会获得一个 GitHub Pro 账户。

3. 在 PyCharm 中安装 Copilot

打开菜单栏中的"文件"→"设置"→"插件"→Marketplace，搜索 copilot，选择 GitHub Copilot，然后单击"安装"按钮，如图 1-7 所示。

图 1-7　在 PyCharm 中安装 Copilot

1.5.2　AI 工具的使用方法

随着人工智能技术的飞速发展，AI 工具正在逐步改变人们日常生活和工作的方式。在这一领域，Copilot 和 ChatGPT 成为两款备受关注的明星产品。Copilot 是一款卓越的编程辅助工具，它能够依托 GitHub 上丰富的代码库提供智能化代码建议和自动补全功能，极大地提升了编程效率。ChatGPT 则是一个功能强大的语言模型，它能够理解和生成自然语言文本，为各种自然语言处理任务提供支持。

1. Copilot 的使用方法

Copilot 是一个由 GitHub 开发的人工智能助手，它能够通过代码提示和自动完成功能来帮助开发者提高编码效率。Copilot 利用机器学习技术，通过分析大量的开源代码仓库来学习编程模式和算法，然后根据开发者在编辑器中输入的代码来提供建议。Copilot 的使用方法有代码智能预测和自然语言编程两大类。

1）代码智能预测

当开发者编写代码时，智能预测功能会根据编程语言的语法和上下文自动提供代码建议。在描述中提到的"透明度较高的代码显示预测结果"可能是指代码自动完成建议，开发者可以通过按 Tab 键来接受建议。该方法可以实现代码补全、功能建议以及代码改进的功能。

（1）代码补全。Copilot 可以根据上下文智能地提供代码补全建议，包括函数调用、变量名和注释等。

```
#编写一个 Python 函数来计算两个数的和
def sum_of():
    a = 1
    b = 2
    #Copilot 会提供以下补全建议
return a + b
```

（2）功能建议。当开发者编写代码时，Copilot 能够识别其意图，并提供实现特定功能的代码片段。

```
#检查一个数是否是偶数
def is_even(num):
    #Copilot 会提供以下功能建议
    return num % 2 == 0
```

（3）改进代码。当开发者编写代码时，Copilot 能够提出改进代码的建议，如优化性能和提升可读性等。

```
#假设有一个函数，它接收一个列表作为参数，并返回列表中所有数字的和
def sum_list(lst):
    total = 0
    for item in lst:
        total += item
    return total
#这个函数可以使用 Python 的内建函数 sum() 来简化
def sum_list(lst):
    #Copilot 会提供以下改进建议
    return sum(lst)
```

2）自然语言编程

编写代码时，可以输入"//"加上给 Copilot 的指令，Copilot 会根据所给的指令进行相应的反馈。查看 Copilot 反馈的方法是按 Enter 键，并等待 Copilot 显示结果。如果没有显示，可以尝试多按一两次。Copilot 给出的代码严格遵守代码缩进规则。

```
//编写输出 Hello, World!的程序
print("Hello, World!")    #Copilot 提供的补全建议
```

2. ChatGPT 的使用方法

ChatGPT 是一款由 OpenAI 开发的大型语言模型，主要用于回答用户的问题和完成各种语言任务，如对话生成、文本摘要、翻译和文本生成等。ChatGPT 经过先进的深度学习技术和大量语言数据的训练，可以在多个语言领域提供高质量的语言处理服务。与 ChatGPT 对话的过程通常是顺畅且直观的，用户可以向 ChatGPT 提出问题或下达指令，ChatGPT 会分析这些内容，并生成一个合适的回答或执行相应的任务。

◇ 本 章 小 结

本章介绍了 Python 的相关概念。

1. Python 是一种面向对象的交互式编程语言，由 Guido van Rossum 在 20 世纪 90 年

代初开发。

2. Python 具有易学、易读和易维护等特点,且关键字较少,结构简单,语法清晰。

3. Python 的应用领域广泛,包括网络开发、数据分析、自动化脚本、科学计算、人工智能、金融与量化交易、网络安全、物联网、教育与培训和企业应用等。

4. Python 具有丰富的标准库和大量的扩展库,支持跨平台操作和与其他语言的集成。Python 支持互动模式,便于测试和调试。Python 的安装需要合适的集成开发环境,并配置 Python 解释器、添加到环境变量等。

5. Python 编程规范包括缩进、空行分隔、命名规则和注释等。Python 扩展库包括 NumPy、pandas、matplotlib、requests、BeautifulSoup、Scrapy、Redis、Pillow、SQLAlchemy 和 Django/Tornado/Flask 等。Python 的安装和配置需要使用 pip 命令,导入扩展库可以使用 import 语句。

6. Copilot 是一款由 GitHub 开发的人工智能编程助手,能够为开发者提供智能化的代码建议和自动补全功能。通过代码智能预测和自然语言编程两种方式,Copilot 可以识别开发者的意图,提供实现特定功能的代码片段,以及优化代码性能和提升代码可读性的改进建议。

7. ChatGPT 是一款语言模型,用于回答问题和完成语言任务。用户可以向 ChatGPT 提出问题或下达指令,ChatGPT 会分析这些内容,并生成一个合适的回答或执行相应的任务。

◆ 本 章 习 题

一、简答题

1. Python 的特点有哪些?

2. Python 有哪些应用领域?

3. 什么是 Python 的编程规范?

4. 什么是 Python 的扩展库?

5. 如何使用 IDLE 编写一个 Python 程序?

二、操作题

1. 下载并安装 Python。

2. 下载并安装 PyCharm。

3. 使用 pip 命令安装扩展库 Pandas。

4. 使用 pip 命令安装扩展库 Pillow 后再将其卸载。

5. 使用 math 扩展库编写一段代码。

◆ 拓 展 阅 读

Python 的发展历程

自 20 世纪 90 年代初 Python 语言诞生至今,它已逐渐被广泛应用于系统管理任务的处理和 Web 编程。

1995 年,Guido van Rossum 在弗吉尼亚州的国家创新研究公司(CNRI)继续他在 Python 上的工作,并在那里发布了该软件的多个版本。

2000 年 5 月,Guido van Rossum 和 Python 核心开发团队转到 BeOpen.com 并组建了 BeOpen PythonLabs 团队。同年 10 月,BeOpen PythonLabs 团队转到 Digital Creations(现 为 Zope Corporation)。

2001 年,Python 软件基金会(PSF)成立,这是一个专为拥有 Python 相关知识产权而创 建的非营利组织。Zope Corporation 是 PSF 的赞助成员。

Python 的创始人为荷兰人吉多·范·罗苏姆(Guido van Rossum)。1989 年圣诞节期 间,在阿姆斯特丹,Guido 为了打发圣诞节的无趣,决心开发一个新的脚本解释程序,作为 ABC 语言的一种继承。之所以选中单词 Python(意为大蟒蛇)作为该编程语言的名字,是 因为 20 世纪 70 年代首播的英国电视喜剧《蒙提·派森的飞行马戏团》(*Monty Python's Flying Circus*)。

ABC 是由 Guido 参与设计的一种教学语言。就 Guido 本人看来,ABC 语言非常优美 和强大,是专门为非专业程序员设计的。但是 ABC 语言并没有取得成功,究其原因,Guido 认为是其非开放性造成的。Guido 决心在 Python 中避免这一错误。同时,他还想实现在 ABC 语言中闪现过但未曾实现的东西。

就这样,Python 在 Guido 手中诞生了。可以说,Python 是从 ABC 语言发展起来的,主 要受到了 Modula-3(一种相当优美且强大的语言,专为小型团体而设计)的影响,并且结合 了 UNIX shell 和 C 语言的习惯。

Python 已经成为最受欢迎的程序设计语言之一。从 2004 年开始,Python 的使用率呈 线性增长。Python 2 于 2000 年 10 月 16 日发布,稳定版本是 Python 2.7。Python 3 于 2008 年 12 月 3 日发布,不完全兼容 Python 2。2011 年 1 月,Python 被 TIOBE 编程语言排 行榜评为 2010 年度编程语言。

由于 Python 语言的简洁性、易读性以及可扩展性,在国外用 Python 做科学计算的研 究机构日益增多,一些知名大学已经采用 Python 来教授程序设计相关课程。例如卡耐基- 梅隆大学的"编程基础"、麻省理工学院的"计算机科学及编程导论"就使用 Python 语言讲 授。众多开源的科学计算软件包都提供了 Python 的调用接口,例如著名的计算机视觉库 OpenCV、三维可视化库 VTK、医学图像处理库 ITK。而 Python 专用的科学计算扩展库就 更多了,例如十分经典的科学计算扩展库 NumPy、SciPy 和 matplotlib,它们分别为 Python 提供了快速数组处理、数值运算以及绘图功能。因此,Python 语言及其众多的扩展库所构 成的开发环境十分适合工程技术和科研人员处理实验数据、制作图表,甚至开发科学计算应 用程序。2018 年 3 月,该语言的作者在邮件列表上宣布 Python 2.7 将于 2020 年 1 月 1 日 终止支持。用户要想在这个日期之后继续得到与 Python 2.7 有关的支持,需要付费给商业 供应商。

(链接来源:https://baike.baidu.com/item/Python/407313)

第 2 章

Python 数据类型与表达式

在计算机科学中,数据类型和表达式是编程语言中的基本概念,用于定义和操作数据的格式、范围和行为。除了用于数学计算,数据类型和表达式还广泛应用于处理文件、网络数据和图形图像等各种形式的数据,以及执行逻辑运算、位运算和字符串操作等各种计算任务。Python 提供了各种数学运算符和函数,使得数学计算更加方便。

本章学习目标

一、知识目标

1. 掌握基本数据类型及其在编程中的应用。

2. 理解如何进行数据类型转换。

3. 熟悉并掌握各种运算符及其在实际问题解决中的用法。

4. 掌握并能够正确使用表达式的书写规则和用法。

二、技能目标

1. 运用基本的数学计算和数据处理技术解决实际问题。

2. 熟练使用内置函数和自定义函数进行数据处理。

3. 通过运用数据类型和表达式解决实际问题,提高编程实战能力。

三、情感态度与价值目标

1. 培养对数据处理的热情和兴趣,增强解决实际问题的信心和能力。

2. 树立对数据使用合法性的认识,遵守网络伦理和法律法规,维护良好的数据使用习惯。

3. 培养在编程过程中的勤奋、耐心和坚韧的品质,能够在面对编程难题和挑战时持之以恒地学习和改进。

◇ 2.1　基本数据类型

在日常生活中,人们需要处理各种信息,如数量、质量和距离等。同样,计算机编程也需要一种标准化的方式来表示和处理这些信息,这就是所谓的数据类型。数据类型定义了计算机程序中常见的数据种类,从基本的数字和字符,到由它们派生出的复杂数据结构,如对象和图形,所有这些构成了构建丰富、高效的计算机程序的基础。

2.1.1 数值类型

1. 整型

整型是用于表示整数的数据类型。整型数据是不可变的,即一个整型数据一旦被创建,其值就不能被改变,但是可以将新的整型值赋给已经存在的变量。整型的表示范围主要受限于计算机的内存大小,Python 中的整型数据为长整型。

(1) 十进制整数:-1、0、1、2、3 等。

(2) 二进制整数:以 0B 或 0b 开头,0b1、0B11、0b100 等。

(3) 八进制整数:1~7,以 0o 或 0O 开头,0o1、0O67、0o100 等。

(4) 十六进制整数:0~9、A~F,以 0X 或者 0x 开头,0X1、0X10、0xff 等。

2. 浮点型

浮点型是用于表示实数的数据类型,包括单精度(float)和双精度(double),它们能表示带有小数的数值,但在运算过程中可能出现四舍五入的误差,这是因为 Python 浮点型的精度是受计算机系统位数限制的,因此在某些情况下可能会精度损失。所以,在实际编程中可采用 round()函数或 decimal 模块来提高浮点数运算的精度。

3. 复数型

复数型是用于表示复数的数据类型,由实部 a 和虚部 b 组成,表示为 a+bj,其中 j 为虚数单位(满足 $j^2 = -1$ 运算规则)。复数型可以进行加、减、乘、除等运算。实部与虚部之间用加号连接,表示实部与虚部的和。复数型遵循复数运算规则,可应用于科学计算等领域,在 Python 中可使用 cmath 模块处理复数运算和数学函数。

2.1.2 字符串类型

字符串类型用于表示文本的数据类型,用单引号或双引号括起来的字符序列必须是单行字符串,用三引号括起来的可以是多行字符串。

```
#单行字符串定义
single_quoted_string='Hello,World!'

#多行字符串定义
multi_line_string_single_quotes ='''This is a string
that spans across
several lines
'''

#打印这些字符串
print(single_quoted_string)
print(multi_line_string_single_quotes)
```

2.1.3 布尔类型

布尔类型是一种二元数据类型,用于表示真(True)或假(False)。布尔类型主要用于评估表达式、条件语句的真假,以及作为函数的返回值。通常,非零数值和非空对象(包括字符串、列表、元组、集合和字典等)被视为 True。相反,零值、空对象、None 以及某些特定函数返回的空对象（如空字符串、空列表、空元组、空集合、空字典等）都被视为 False。这种数据类型以一种简洁的方式表达了编程中的逻辑判断，使得代码更加直观和易于理解。

◆ 2.2　常量与变量

变量有固定的变量类型，变量虽变，但类型是不变的。而常量不仅有固定的类型，而且它的值也不可改变。人生亦是如此，变中蕴含着不变，要合理地找准变与不变。正如范仲淹在《岳阳楼记》中所说的"不以物喜，不以己悲"，只有培养良好的心态，才能更好地应对人生中的大起大落，拥抱更好的明天。

2.2.1　常量

常量是在程序运行过程中值不能被改变的量。可以通过赋值语句进行定义，如"speed ＝ 30"。常量的值在定义后不可更改，除非使用特殊的变量赋值运算符"：＝"进行动态类型转换，例如："x ：＝ 30"。

常量可以分为以下两类。

（1）内置常量：Python 内置了一些常量，如 True 和 False 等，这些常量不能被重新赋值。

（2）用户定义常量：用户可以自定义常量，如在数学计算中定义 π 值为 3.1415926 的常量"pi"。

使用常量可以简化代码逻辑，降低程序出错的概率。此外，常量可以用于模拟现实世界中的固定数值，如物理常量、货币汇率等。需要注意的是，Python 并不像 C 和 C++ 等语言一样可以使用 const 关键字定义常量，而是通过定义类的方法进行，所以常量告诉人们稳定性和一致性是成功的关键，在生活中，要保持稳定的情绪和态度，以一致的行动迈向自己的目标。

2.2.2　变量

变量是程序运行过程中可以改变的量。变量通过赋值语句进行定义，如"x＝10"。变量可以存储各种数据类型的值，如整数、浮点数和字符串等。变量名必须遵循命名规则，由字母、数字、下画线组成，且不能以数字开头。

变量在程序运行过程中具有以下特点。

（1）变量名：用于标识变量，便于在代码中区分不同变量。

（2）变量值：变量值是实际内容，可以在运行过程中改变。

（3）数据类型：变量可以存储不同数据类型的值。

（4）作用域：变量具有作用域，分为全局变量和局部变量。

（5）生命周期：变量在程序运行过程中创建，直到程序结束才被释放。

注：作用域和生命周期会在后文详述。

变量在程序中被广泛应用，如条件语句、循环语句和函数调用等。通过变量，程序员可以实现数据在程序运行过程中的计算、处理和传递。掌握变量的使用有助于编写高效、灵活的 Python 程序。

2.2.3　变量的赋值

语句的赋值形式多样,一般有基本赋值、增量赋值、链式赋值等。

1. 基本赋值

将一个值直接赋给一个变量。

```
x = 10                          #定义一个整数变量 x
y = "Hello, World!"             #定义一个字符串变量 y
z = 3.14                        #定义一个浮点数变量 z

#打印变量 x、y 和 z 的值
print("x:", x)                  #x: 10
print("y:", y)                  #y: Hello, World!
print("z:", z)                  #z: 3.14
```

上述代码首先定义了 3 个变量 x、y 和 z,然后分别赋值为整数、字符串和浮点数,最后使用 print()函数打印这三个变量的值。

2. 增量赋值

将一个表达式的结果赋值给一个变量。

```
x = 5                           #定义一个整数变量 x 并初始化为 5
x += 3                          #使用增值赋值运算符(+=)将 x 的值加 3

#打印更新后的 x 值
print("Updated x:", x)          #输出结果: Updated x: 8
```

上述代码首先定义了一个整数变量 x 并初始化为 5,然后使用增值赋值运算符"＋＝"将 x 的值加 3,相当于执行 x＝x＋3。

3. 链式赋值

多个变量赋予一个相同的值。

```
a=10
b=11
c=12
a=b=c=42                        #使用链式赋值语句赋予相同值

#打印变量值
print("a:", a)                  #a: 42
print("b:", b)                  #b: 42
print("c:", c)                  #c: 42
```

上述代码首先定义了 3 个变量 a、b 和 c,并分别赋予它们不同的值,然后将这三个变量的值都设置为 42,最后打印更新后的变量值。

4. 多重赋值

在一个赋值语句中赋予多个变量相同或者不同的值。

```
a,b,c = 10,11,12                #使用多重赋值分别定义 a,b,c
a,b= b,a                        #使用多重赋值交换 a,b

#打印变量值
```

```
print("a:", a)                    #a: 11
print("b:", b)                    #b: 10
print("c:", c)                    #c: 12
```

上述代码首先定义了 3 个变量 a、b 和 c,并分别赋予它们不同的值,然后使用一个多重赋值语句将这三个变量的值都设置为 42,最后打印更新后的变量值。

◇ 2.3　运算符与表达式

2.3.1　运算符

1. 算术运算符

算术运算符用于执行基本算术操作。算术运算符可以用于数字类型(整数和浮点数)的数学计算以及字符串类型的拼接操作(使用＋运算符),如表 2-1 所示。

表 2-1　算术运算符及运算规则

运　算　符	运　算　规　则	示　　例
＋(加法)	两个数相加	2＋3＝5
－(减法)	两个数相减	5－3＝2
*(乘法)	两个数相乘	2 * 3＝6
/(除法)	两个数相除,若除数为零,则报错	6/3＝2
％(取模)	求除法的余数,结果为整数	6％3＝0
**(幂运算)	求指数为整数的幂运算,等同于重复乘法	2**3＝8
//(整除)	两个整数相除,结果为整数。忽略余数	8//2＝4

2. 关系运算符

关系运算符用于比较两个值之间关系,返回布尔值(True 或 False),如表 2-2 所示。

表 2-2　关系运算符及运算规则

运　算　符	运　算　规　则	示　　例
＝＝	比较两个值是否相等	5＝＝5 返回 True
！＝	比较两个值是否不相等	5!＝5 返回 False
＞	比较左边的值是否大于右边的值	5＞3 返回 True
＜	比较左边的值是否小于右边的值	5＜3 返回 False
＞＝	比较左边的值是否大于或等于右边的值	5＞＝3 返回 True
＜＝	比较左边的值是否小于或等于右边的值	5＜＝3 返回 False

3. 赋值运算符

赋值运算符用于将一个值赋给一个变量或对象,如表 2-3 所示。

表 2-3　赋值运算符及运算规则

运 算 符	运 算 规 则	示 例
＝（赋值）	将右边的值赋给左边的变量	x＝5
＋＝（加等于）	左边的变量值加上右边的值,结果赋给左边的变量	x＋＝3
－＝（减等于）	左边的变量值减去右边的值,结果赋给左边的变量	x－＝2
＊＝（乘等于）	左边的变量值乘以右边的值,结果赋给左边的变量	x＊＝2
／＝（除等于）	左边的变量值除以右边的值,结果赋给左边的变量（若除数为零,则报错）	x／＝2
％＝（取模等于）	左边的变量值取模右边的值,结果赋给左边的变量	x％＝3
＊＊＝（幂等于）	左边的变量值乘以右边的值,结果赋给左边的变量（等同于重复乘法）	x＊＊＝2
／／＝（整除等于）	左边的变量值整除右边的值,结果赋给左边的变量（结果为整数）	x／／＝2

4. 逻辑运算符

逻辑运算符用于组合和操作布尔值,返回布尔结果,如表 2-4 所示。

表 2-4　逻辑运算符及运算规则

运算符	运 算 规 则	示 例
and（与）	判断左右两边的条件是否同时为 True,若同时为 True,则结果为 True	x＞5 and y＜10
or（或）	判断左右两边的条件是否至少有一个为 True,若至少有一个为 True,则结果为 True	x＞5 or y＜10
not（非）	判断条件的否定,若条件为 True,则结果为 False;若条件为 False,则结果为 True	not（x＞5）

5. 位运算符

把数值转换为二进制后进行计算,如表 2-5 所示。

表 2-5　位运算符及运算规则

运算符	运 算 规 则	示 例
&	按位与运算符,对两个操作数的每个位执行逻辑与操作	5&3＝1
|	按位或运算符,对两个操作数的每个位执行逻辑或操作	5|3＝7
^	按位异或运算符,对两个操作数的每个位执行逻辑异或操作	5^3＝6
～	按位取反运算符,对操作数的每个位执行逻辑取反操作	～5＝－6
＜＜	左移运算符,将操作数的所有位向左移动指定的位数	5＜＜2＝20
＞＞	右移运算符,将操作数的所有位向右移动指定的位数	5＞＞2＝1

6. 成员运算符

成员运算符用于检查一个值是否属于一个集合或序列,返回布尔值(True 或 False),如表 2-6 所示。

表 2-6　成员运算符及运算规则

运算符	运算规则	示例
in	检查一个元素是否存在于一个集合中	5 in[1,2,3,4,5]
not in	检查一个元素是否不存在于一个集合中	检查数字 6 是否不存在于序列[1,2,3,4,5]中

7. 身份运算符

身份运算符用于比较两个对象的存储单元,如表 2-7 所示。

表 2-7　身份运算符及运算规则

运算符	运算规则	示例
is	检查两个对象是否是同一个对象(针对可变类型和不可变类型)	5 is 5
is not	检查两个对象是否不是同一个对象(针对可变类型和不可变类型)	5 is not 6

2.3.2　表达式

运算符及优先级的顺序如表 2-8 所示。

表 2-8　运算符及优先级的顺序

运 算 符	描 述
**	指数(最高优先级)
～　＋　－	按位翻转,一元加号和减号
*　/　%　//	乘、除、取模和取整除
＋　－	加法、减法
>>　<<	右移、左移运算符
&.	位'AND'
^　|	位运算符
<=　<　>　>=　==	比较运算符
=　%=　/=　//=　－=　+=　*=　**=	赋值运算符
is　is not	身份运算符
in　not in	成员运算符
not　and　or	逻辑运算符

◈ 2.4　常用系统函数

2.4.1　常用内置函数

内置函数是在运行时自动创建的预定义函数,涵盖了各种功能,如数学计算和字符串处理等,如表 2-9 所示。

表 2-9　内置函数

函　数　名	实　现　功　能
print()	打印输出值到控制台
len()	返回对象(如字符串、列表、元组等)的长度
type()	返回对象的类型
int()	将一个值转换为整数
float()	将一个值转换为浮点数
str()	将一个值转换为字符串
input()	获取用户输入
range()	生成一个数字序列
sorted()	返回一个排序后的列表
sum()	计算序列中所有元素的总和
enumerate()	将一个序列解包成元组形式的元素及其下标
map()	应用一个函数到序列的所有元素
filter()	创建一个新序列,包含通过所提供函数实现的测试的所有元素
reduce()	对序列中的所有元素应用一个函数,将其减少为单一的值
max()	返回序列中的最大值
min()	返回序列中的最小值

如果不知道某些函数的功能,可以用函数 help(函数名)来解释其作用。

内置函数的一些使用实例如下。

1. 数值运算

(1) abs(x):返回 x 的绝对值。

(2) round(x[,n]):四舍五入到指定小数位。

(3) pow(x,y):计算 x 的 y 次方。

(4) math.sqrt(x):计算 x 的平方根。

(5) divmod(x,y):计算除法的商和余数。

(6) min(x[,…]):返回一组数中的最小值。

例 2.1　计算一个数的绝对值、四舍五入到两位小数、计算幂次方、平方根、除法的商和余数,以及一组数中的最小值。

数值:3.14159。

引导 Copilot 生成代码的提示语如下:

计算 3.14159 的绝对值、四舍五入到两位小数、计算幂次方、平方根、除法的商和余数,以及一组数中的最小值

Copilot 给出的代码如图 2-1 所示。

```python
import math

# 定义数值
num = 3.14159

# 计算绝对值
abs_value = abs(num)

# 四舍五入到两位小数
rounded_value = round(num, 2)

# 计算次方（例如，计算num的3次方）
power_value = pow(num, 3)

# 计算平方根
sqrt_value = math.sqrt(num)

# 计算除法的商和余数（例如，num除以2的商和余数）
quotient, remainder = divmod(num, 2)

# 定义一组数
numbers = [1, 2, 3, 4, 5]

# 计算一组数中的最小值
min_value = min(numbers)

print(f"绝对值: {abs_value}")
print(f"四舍五入到两位小数: {rounded_value}")
print(f"次方: {power_value}")
print(f"平方根: {sqrt_value}")
print(f"除法的商和余数: {quotient}, {remainder}")
print(f"一组数中的最小值: {min_value}")
```

图 2-1　用内置函数解决数值运算

例 2.1 使用了 Python 内置的函数和 math 库来实现题目的求解,包括计算绝对值、四舍五入、次方、平方根、除法的商和余数,以及找出一组数中的最小值。这些函数都被广泛使用,且性能优良;代码的可读性也很好,每个步骤都有清晰的注释,并且变量命名也符合常规的规范,使得其他人能够很容易地理解代码的功能和工作方式。

2. 类型转换

(1) int(x[,base]):将一个数转换为整数。

(2) float(x):将一个数转换为浮点数。

(3) complex(a,b):创建一个复数。

(4) str(x):将一个对象转换为字符串。

(5) list(x):将一个可迭代对象(如元组、集合或迭代器)转换为列表。

(6) tuple(x):将一个可迭代对象(如列表、集合或迭代器)转换为元组。

类型转换函数:

```python
#原始数据
num=3.14

#将浮点数转换为整数
int_num=int(num)
```

```
print("浮点数转换为整数:",int_num)

#将整数转换为浮点数
float_num=float(int_num)
print("整数转换为浮点数: ",float_num)

#将整数转换为字符串
str_num=str(int_num)
print("整数转换为字符串:",str_num)

#将字符串转换为整数
int_str=int(str_num)
print("字符串转换为整数: ",int_str)

#将列表转换为元组
tuple_list=tuple([1,2,3])
print("列表转换为元组: ",tuple_list)

#将元组转换为列表
list_tuple=list(tuple_list)
print("元组转换为列表: ",list_tuple)
```

二进制、十进制、十六进制转换的函数:

```
#原始数据
num_str="1010"
base = 2

#二进制转换为十进制
decimal_num=int(num_str,base)
print("二进制转换为十进制: ",decimal_num)

#十六进制转换为十进制
hex_num = int(num_str, 16)
print("十六进制转换为十进制: ",hex_num)

#十进制转换为二进制
bin_num=bin(int(num_str, 10))
print("十进制转换为二进制: ",bin_num)

#十进制转换为十六进制
hex_str=hex(int(num_str, 10))
print("十进制转换为十六进制,",hex_str)
```

3. 输入/输出函数

使用 input()函数进行输入,print()函数进行输出(在 Python 中输出时可以自动换行,默认 end="\n",可以使用 end=""实现不换行的效果)。

输入/输出函数的应用:

```
#获取用户输入
name = input("Please enter your name:")
```

```
print("Hello,",name)

#输出文本
print("Hello, World!")

#输出带变量的文本
name ="John"
age = 30
print("My name is %s and I'm %d years old." % (name, age))

#使用 str.format()输出带变量的文本
name ="John"
age = 30
print("My name is {} and I'm {} years old.". format(name, age))

#使用 f-strings 输出带变量的文本
name = "John"
age = 30
print(f"My name is {name} and I'm {age} years old.")
```

输出结果：

```
1    Please enter your name: 张三
2    Hello, 张三
3    Hello, World!
4    My name is John and I'm 30 years old.
5    My name is John and I'm 30 years old.
6    My name is John and I'm 30 years old.
```

4. 格式化输出函数

(1) 使用"%"进行格式化输出。

(2) 使用 str.format()方法进行格式化输出。

(3) 使用 f-strings(格式化字符串文字)进行格式化输出。

格式化输出函数的应用：

```
#使用%进行格式化输出
name ="John"
age = 30
print("My name is %s and I'm %d years old." % (name, age))

#使用 str.format()方法进行格式化输出
name ="John"
age = 30
print("My name is {} and I'm {} years old.". format(name, age))

#使用 f-strings 进行格式化输出
name = "John"
age = 30
print(f"My name is {name} and I'm {age} years old.")
```

输出结果：

```
1    My name is John and I'm 30 years old.
2    My name is John and I'm 30 years old.
3    My name is John and I'm 30 years old.
```

2.4.2　常用标准库函数

Python 的标准库中包含许多模块,每个模块都包含丰富的函数。为了利用这些函数解决问题,需要使用 import 命令导入相应的模块或函数。下面介绍一些常用的标准库模块。请注意,这个部分不需要学生深入理解,只需要大致了解即可。

Python 中的 os 库提供了不少与操作系统相关的函数,如表 2-10 所示。

表 2-10　os 库的部分函数

函 数 名 称	功 能 描 述
os.name()	返回当前使用的平台,'nt'表示 Windows,'posix'表示 Linux
os.getcwd()	返回当前进程的工作目录
os.chdir()	改变当前工作目录到指定的路径
os.makedirs()	递归创建目录
os.path.exists()	检查文件或目录是否存在
os.path.isfile()	检查路径是否为文件
os.path.isdir()	检查路径是否为目录
os.path.join()	连接路径
os.path.relpath()	求路径的相对路径
os.path.splitext()	分离文件名和扩展名

例 2.2　在教育科技的发展过程中,Python 语言以其易学易用的特性,越来越多地被用于教育资源的管理和组织。其中,文件管理是 Python 在这个领域中的一项重要应用。通过 Python 可以方便地创建、删除、移动和检查文件或文件夹,从而实现对教育资源的有效管理。现有一项任务需要使用 Python 完成:在当前工作目录下创建一个名为 Python_Lessons 的文件夹,并检查该文件夹是否创建成功。

具体要求:

(1) 创建一个名为 Python_Lessons 的文件夹,这个文件夹应在当前工作目录下。

(2) 编写一个名为 check_folder() 的函数,用于检查 Python_Lessons 文件夹是否已经成功创建。如果文件夹存在,则打印"Folder Python_Lessons exists.";如果文件夹不存在,则打印"Folder Python_Lessons does not exist."。

复制题目,引导 ChatGPT 生成的代码如图 2-2 所示。

在例 2.2 中,首先使用 datetime.datetime.now() 函数获取当前时间,并提取年份和月份。然后,根据当前时间构建一个表示时代的文件夹名称,例如"2023_12"。接下来,使用 os.getcwd() 函数获取当前工作目录,并根据操作系统类型进行适当的处理。如果是 Windows 系统,则将斜杠"/"替换为反斜杠"\"。然后,使用 os.chdir() 函数将工作目录切换到相应的时代文件夹。如果时代文件夹不存在,则捕获 FileNotFoundError 异常并进行相应的处理。如果切换成功,程序将输出当前所在的时代和切换后的时代文件夹,并列出该时

```
import os
import datetime


1个用法
def travel_to_time_period():
    current_time = datetime.datetime.now()
    current_year = current_time.year
    current_month = current_time.month

    time_period_folder = f"{current_year}_{current_month}"

    current_directory = os.getcwd()
    print(f"当前所在的时代：{current_directory}")

    if os.name == 'nt':
        # Windows系统
        time_period_folder = time_period_folder.replace( _old: '/',  _new: '\\')

    try:
        os.chdir(time_period_folder)
        updated_directory = os.getcwd()
        print(f"切换到了时代：{updated_directory}")

        files = os.listdir(updated_directory)
        if files:
            print("时代文件夹中的文件列表：")
            for file in files:
                print(file)
        else:
            print("时代文件夹中没有文件。")
    except FileNotFoundError:
        print(f"时代文件夹不存在：{time_period_folder}")


travel_to_time_period()
```

图 2-2　使用 os 库中的函数解决文件夹的切换

代文件夹中的所有文件。运行程序后，将看到输出结果中显示了当前所在的时代、切换后的时代文件夹以及时代文件夹中的文件列表。

用于生成随机数的 random 库中的部分函数如表 2-11 所示。

表 2-11　用于生成随机数的 random 库中的部分函数

函　数　名	功　能　描　述
random()	生成一个[0.0,1.0)内的随机小数
randint(a,b)	生成一个[a,b]内的整数
uniform(a,b)	生成一个[a,b]内的随机小数

续表

函　数　名	功　能　描　述
randrange(start,stop,step)	生成一个[start,stop)内以 step 为步数的随机整数
choice(seq)	从序列（例如列表）中随机返回一个元素
shuffle(seq)	将序列（例如列表）中的元素随机排列
seed(a＝None)	设置随机数生成器的种子，用于控制随机数生成顺序
exponential(mean＝1)	生成一个指数分布的随机数（均值为 1）
normal(mean＝0,stddev＝1)	生成一个正态分布的随机数（均值为 0,标准差为 1）
lognormal(mean＝0,stddev＝1)	生成一个对数正态分布的随机数（均值为 0,标准差为 1）

例 2.3　近年来，某村的村民一直面临着农作物病虫害的问题。为了提高农作物的产量，减少农药的使用，村里的农技专家决定引入一种环保型的生物防治方案。他们需要为每个农户分配适当的生物防治剂，以实现最佳防治效果，请用 Python 编程语言帮助他们解决上述问题（已知农户数量为 100,生物防治剂最小和最大分配量为 10 和 20）。

复制题目，引导 Copilot 生成的代码如图 2-3 所示。

```python
import random
# 定义评估函数
1 个用法
def evaluate(strategy):
    # 在这里，我们简单地假设生物防治剂的使用量与农作物的产量成正比
    return sum(strategy)
# 定义随机搜索函数
1 个用法
def random_search(num_iterations):
    best_strategy = None
    best_score = 0
    for _ in range(num_iterations):
        # 随机生成一个策略
        strategy = [random.randint( a: 10,  b: 20) for _ in range(100)]
        # 计算策略的评分
        score = evaluate(strategy)
        # 如果这个策略的评分比之前的策略好，那么就保存这个策略
        if score > best_score:
            best_score = score
            best_strategy = strategy
    return best_strategy, best_score
# 执行随机搜索
best_strategy, best_score = random_search(10000)
print("Best strategy: ", best_strategy)
print("Best score: ", best_score)
```

图 2-3　使用 random 库中的函数解决生物防治剂分配问题

在例 2.3 中，使用了 random 库实现随机搜索的方法。使用 random.randint(a,b)函数随机生成每个农户的生物防治剂分配量，然后通过评估函数来计算每个策略的得分。在一定的迭代次数下，应选择得分最高的策略作为最佳策略。

Python 中的 math 库提供了数学常数和数学函数，如表 2-12 所示。

表 2-12　math 库中的部分函数

函 数 名	功能描述	函 数 名	功能描述
math.sqrt()	计算平方根	math.abs()	计算绝对值
math.pow()	计算幂函数	math.min()	返回最小值
math.round()	四舍五入	math.max()	返回最大值
math.floor()	向下取整	math.sum()	计算序列和
math.ceil()	向上取整	math.product()	计算序列乘积
math.trunc()	截断小数部分	math.mean()	计算均值

例 2.4　"神奇数"是指满足以下条件的数：它的平方根是一个整数，它的立方根也是一个整数。编写一个程序，找出一个整数范围内的所有"神奇数"。

复制题目，引导 ChatGPT 生成的代码如图 2-4 所示。

```
import math

1 个用法
def find_magical_numbers(start, end):
    magical_numbers = []

    for num in range(start, end + 1):
        square_root = math.sqrt(num)
        cube_root = math.pow(num, 1 / 3)

        if square_root.is_integer() and cube_root.is_integer():
            magical_numbers.append(num)

    return magical_numbers

start_range = 1
end_range = 1000

magical_nums = find_magical_numbers(start_range, end_range)

print(f"在范围 {start_range} 到 {end_range} 内的神奇数有：")
for num in magical_nums:
    print(num)
```

图 2-4　使用 math 库中的函数寻找"神奇数"

在例 2.4 中，首先定义了一个 find_magical_numbers() 函数，接收一个起始值和结束值作为参数。该函数使用 math.sqrt() 函数计算每个数的平方根，并使用 math.pow() 函数计算每个数的立方根。然后，通过检查平方根和立方根是否为整数，筛选出满足条件的"神奇数"。最后，函数返回一个包含所有"神奇数"的列表。主程序指定了一个整数范围，并调用 find_magical_numbers() 函数找出该范围内的所有"神奇数"。然后，程序输出这些"神奇数"。运行程序后，将看到输出结果中显示了在指定范围内的所有"神奇数"。

datetime 操作库中的部分函数如表 2-13 所示。

表 2-13　datetime 操作库中的部分函数

函　数　名	功　能　描　述
datetime.now()	获取当前日期和时间
datetime.today()	获取当前日期,但不包括时间信息
datetime.strptime(string,format)	将字符串转换为日期时间对象
datetime.strftime(format,obj)	将日期时间对象格式转换为字符串
datetime.add(obj,timedelta)	向日期时间对象添加时间差
datetime.sub(obj,timedelta)	从日期时间对象中减去时间差
datetime.timedelta(days,seconds)	创建一个时间差对象
datetime.date(year,month,day)	创建一个日期对象
datetime.time(hour,minute,second,microsecond)	创建一个时间对象
datetime.combine(year,month,day,hour,minute,second, microsecond)	创建一个日期时间对象

例 2.5　回文日期指日期的数字形式(例如 2021 年 12 月 2 日为 20211202)正着读和倒着读都相同的日期。编写一个程序,找出你出生之后的一年内的所有回文日期。

引导 Copilot 生成代码的提示语如下:

//编写一个程序,找出在你出生之后的一年内的所有回文日期。回文日期指日期的数字形式(例如 2021 年 12 月 2 日为 20211202)正着读和倒着读都相同的日期。

Copilot 给出的代码如图 2-5 所示。

```python
from datetime import datetime, timedelta

2 个用法
def is_palindrome_date(date):
    date_str = date.strftime("%Y%m%d")
    return date_str == date_str[::-1]


1 个用法
def find_palindrome_dates(birth_date):
    current_date = birth_date + timedelta(days=1)
    end_date = birth_date + timedelta(days=365)
    palindrome_dates = []

    while current_date <= end_date:
        if is_palindrome_date(current_date):
            palindrome_dates.append(current_date)
        current_date += timedelta(days=1)

    return palindrome_dates


birth_date_str = input("请输入你的出生日期（格式：YYYY-MM-DD）：")
birth_date = datetime.strptime(birth_date_str, _format: "%Y-%m-%d")


palindrome_dates = find_palindrome_dates(birth_date)


print("在你出生之后的一年内的所有回文日期是：")
for date in palindrome_dates:
    print(date.strftime("%Y-%m-%d"))
```

图 2-5　利用 datetime 操作库探寻回文日期

例 2.5 导入了 datetime 和 timedelta 模块,定义了 is_palindrome_date()函数来检查日期是否是回文日期。然后,定义了 find_palindrome_dates()函数来找到在给定起始日期之后的一年内的所有回文日期。在主程序中,创建了一个 datetime 对象作为出生日期,并调用 find_palindrome_dates()函数来找到在出生日期之后的一年内的所有回文日期。最后,使用 strftime()方法将这些日期格式化为"年-月-日"的形式,并逐个打印输出。

◆ 本 章 小 结

本章主要介绍了 Python 的数据类型和表达式,旨在帮助读者掌握 Python 基本数据类型、运算符的使用以及表达式的书写规则和用法。

1. 基本数据类型:基本数据类型包括整数、浮点数、字符串、布尔类型。

2. 数据类型转换:数据类型转换的概念和方法,包括使用内置函数进行类型转换,以适应不同的需求和操作。

3. 运算符及其用法:算术运算符、比较运算符、赋值运算符、逻辑运算符、位运算符和成员运算符,包括这些运算符的功能和使用方法。

4. 表达式的书写规则和用法:表达式的概念和书写规则,如何使用运算符和操作数构建有效的表达式,以及如何使用表达式进行数学计算和数据处理。

5. 内置函数和自定义函数:内置函数的概念和常用函数,如何自定义函数来进行数据处理,并能够编写简单的自定义函数来解决实际问题。

◆ 本 章 习 题

一、填空题

1. 使用三引号(""")可以定义一个多行字符串,这种字符串可以在内部自由地包含_____和_____,而不需要使用转义字符。

2. 不可变的数值类型_____可以表示整数和布尔值,而类型_____用于表示有小数部分的数字。

3. 表达式""apple" * 3"在 Python 中的结果是_____,这演示了字符串类型的_____特性。

4. 如果将整数 123 和浮点数 0.5 相加,得到的结果的数据类型是_____。

5. True 和 False 是_____类型的两个特殊值,并且它们分别等价于整数_____和_____。

二、选择题

1. 若 x＝5 和 y＝3,那么表达式 x**y 的结果是(　　)。

　A. 15　　　　　　　B. 125　　　　　　　C. 8　　　　　　　D. 53

2. 如果有 string1＝"Python" 和 string2＝"Python",那么 string1 is string2 的结果是(　　)。

　A. True　　　　　　B. False

3. (　　)是无效的浮点数表示。

A. 1.0　　　　　　　　　　　　　　B. 0.0

C. .5　　　　　　　　　　　　　　　D. None of the above

4. 假设有两个变量 x 和 y,其值分别为 10 和 3。下面代码的输出结果是(　　　)。

```
x = 10
y = 3
result= x/y
print(result)
```

A. 3.3333333333333335　　　　　　B. 3.0

C. 3　　　　　　　　　　　　　　　D. TypeError

5. 下面代码的输出结果是(　　　)。

```
a = "8"
b = 2
output = int(a) * b
```

A. 16　　　　　B. "16"　　　　　C. "82"　　　　　D. TypeError

三、编程题

1. 从键盘获取输入,并打印格式类似“我的名字是 xxx,我的年龄是 xx”的输出。

2. 编写一个程序,接收用户输入的一个数字,并计算其向上取整的结果。示例输入:3.7;示例输出:4。

3. 编写一个程序,接收用户输入的一个数字,并计算其阶乘。示例输入:5;示例输出:120。

4. 编写一个程序,接收用户输入的两个整数,并计算它们的和。

5. 获取用户输入的名字、年龄、身高和体重,连成一句话打印出来。要求:用几种不同的字符串格式化方式打印输出,并且要求对齐。

◇ 拓 展 阅 读

当深入研究 Python 的数据类型与表达式时,我们会发现这不仅是 Python 编程的基础,而且是理解 Python 数据处理和操作的关键。*Python Crash Course* 一书对数据类型和表达式的使用提供了详细的指导和实践。通过分析 Python 的基本数据类型、数据结构以及各种表达式的使用,揭示了编写高质量 Python 代码的技巧。同时,*Python Tricks: A Buffet of Awesome Python Features* 一书提供了大量实用的示例,展示了数据类型和表达式在解决具体问题时的强大能力。尽管这些著作中的术语和解释方式可能有所不同,但它们共同强调了 Python 编程中数据类型和表达式的核心地位。维基百科将数据类型定义为“对一类相似数据的抽象”,这正好符合本章内容的核心理念。本书采用“数据类型与表达式”这一说法,旨在强调通过理解和使用正确的数据类型以及表达式来增强代码的可读性、可维护性和效率,正如 Python 官方文档中对这些概念的详尽讨论所体现的那样。

在 Python 中,列表推导式是一种非常有力的工具,它允许程序员在不修改原有数据结构的情况下生成新的列表。想象一下,有一个列表,它包含一些元素。现在,如果人们想要根据这些元素生成一个新的列表,最直接的方法可能是使用循环。但这样做有两个问题:

一是代码冗长,二是效率不高。

列表推导式的出现优雅地解决了这个问题。通过简单的一行代码,就能够生成新的列表。这背后的原理是迭代和条件判断。列表推导式本身是一个表达式,它在一个列表的元素上进行迭代,并根据条件生成新的元素。

列表推导式的应用非常广泛,从数据处理中的过滤、转换到生成新的数据结构,等等,都可以看到列表推导式的身影,它让代码变得更加简洁,更具有可读性,同时也提高了代码的效率。

在 Python 编程中,还有一个重要的概念,那就是"生成器表达式"。生成器表达式在 Python 中是一个引人入胜的概念,它不仅揭示了函数式编程的魅力,还展现了 Python 语言的灵活性和强大功能。生成器表达式的本质是一个表达式,这个表达式可以生成一个迭代器,这个迭代器可以在需要时生成值。换句话说,即使数据量非常大,生成器表达式也可以在不占用大量内存的情况下生成值。

生成器表达式的工作原理:想象一下,有一组数据,我们需要对这组数据进行处理。如果数据量非常大,一次性生成所有的数据可能会占用大量的内存。生成器表达式就是在这种情况下发挥作用的,它可以在每次迭代时生成一个新的值,而不是一次性生成所有的值。这种能力使得生成器表达式成为一个强大的工具,特别是在用户需要处理大量数据时。生成器表达式提供了一种优雅的方式来处理大量数据,同时避免了使用大量内存的需求。

生成器表达式具有以下特性。

(1) 节省内存:生成器表达式在每次迭代时生成一个新的值,而不是一次性生成所有的值,因此可以处理大量数据而不占用大量内存。

(2) 延迟计算:生成器表达式只在需要时生成值,因此可以提高代码的效率。

使用生成器表达式时,需要注意不要在不需要时使用,否则可能导致代码的复杂度增加。此外,虽然生成器表达式是一个强大的工具,但它也增加了代码的复杂度,因此推荐在确实需要处理大量数据时才使用它。

生成器表达式作为 Python 中的一个高级特性,为编程提供了巨大的灵活性和表达力,它不仅能处理大量数据,还开启了无数创造性地使用表达式的可能。理解和掌握生成器表达式,可以帮助学习者更深入地理解 Python,以及如何利用它解决复杂的编程问题。尽管如此,它也是一个需要谨慎使用的工具,正确地理解和应用生成器表达式,将使学习者能够写出更加清晰、高效和优雅的 Python 代码。

(链接来源:1. https://pythonprogramming.net/python-3-tutorial/
2.https://docs.python-guide.org/writing/style/)

Python 的数据结构

Python 中常见的数据结构包括列表、元组、字典和集合,通过学习和理解这些数据结构,读者可以更好地选择合适的数据结构来解决问题,并优化程序性能。本章将围绕这些内容展开。

本章学习目标

一、知识目标

1. 掌握 Python 中基本的数据结构,如列表、元组、字典和集合等。

2. 理解各种数据结构的特性和适用场景。

3. 掌握 Python 数据结构的基本操作,如添加、删除、修改和查询等。

4. 了解 Python 中常用的与数据结构相关的标准库和拓展库。

二、技能目标

1. 能够熟练使用 Python 的各种数据结构来存储和处理数据。

2. 能够根据实际需求选择合适的数据结构,以提高代码的效率和可读性。

3. 能够独立设计和实现复杂的数据处理任务,如排序、查找、分析等。

三、情感态度与价值目标

1. 培养对数据处理和算法的兴趣和热情,增强解决实际问题的能力和信心。

2. 培养对编程规范和代码质量的认识,遵守良好的编程习惯,提高代码的可维护性和可扩展性。

3. 培养勤奋、耐心和创新的品质。在面对数据和处理问题时,能够持之以恒,不断学习和改进以寻求更好的解决方案。

◆ 3.1 列　　表

在面对自然灾害时,政府需要及时、准确地统计和分析相关数据,相关人员可以使用列表存储各种数据,例如灾害发生地区的受灾人数、损失金额和救援人员数量等。通过列表操作,可以计算灾害损失的平均值,找到受灾人数最多和最少的地区,以及绘制趋势图来预测灾害的发展趋势。列表的灵活性和便捷性使其成为处理受灾数据的有力工具,它可以帮助决策者和研究人员更好地了解灾害的影响范围和程度,从而采取相应的救援和防范措施。列表的内容可以改变,就像读者可以改变自己的命运,不要局限于现状,而是要勇敢地追求想要的生活。

在 Python 中，列表（list）是一个有序、可变的元素集合，每个元素可以存储多种类型的数据，如数字、字符串甚至是元组、列表等其他组合类型对象。列表允许存储、组织和管理大量的数据，使数据处理变得更加高效和直观。下面是一些合法的列表。

```
[1, 2.0, "three", [4, 5], (6, 7)]
[1, "10038",True]
[1,{ "a":7, "b":9}]
```

3.1.1 创建列表

Python 通过方括号，并用逗号将元素分隔开来创建列表，如图 3-1 所示。

在 Python 中，list()函数用于将一个可迭代对象（如序列、字符串和元组等）转换为列表，图 3-2 演示了如何用 list()函数来创建列表。

```
decimal_list = [1.5, 2.7, 3.2, 4.9]
boolean_list = [True, False, True, False]
integer_list = [10, 20, 30, 40]
```

图 3-1　直接创建列表

```
list1 = list("hello")
print(list1)
list2 = list(range(1, 10, 2))
print(list2)
```

图 3-2　用 list()函数创建列表

打印结果为

```
['h','e','l','l','o']
[1,3,5,7,9]
```

列表生成式（List Comprehension）是一种简洁地创建列表的方法，包含一个表达式和一个 for 循环。

列表生成式的基本语法如下所示。

```
[expression for item in iterable if condition]
```

其中，expression 是一个表达式，用于计算每个新元素的值；item 是当前元素的值；iterable 指一个可迭代对象，如列表、元组和集合；condition 是一个条件表达式，用于过滤元素。例如生成 1 到 100 的偶数的列表，如图 3-3 所示。

```
list1 = [x for x in range(1, 100) if x % 2 == 0]
print(list1)
```

图 3-3　利用列表生成式创建列表

3.1.2 访问列表

Python 通过索引访问列表中的元素。图 3-4 是使用索引访问列表元素的示例。

索引是从 0 开始的，所以 fruits[0]是列表的第一个元素。访问列表的最后一个元素，可以使用-1 作为索引，即 fruits[-1]；访问列表中的多个元素，可以使用切片操作，切片访问的区间是左闭右开的，例如 fruits[1:3]将返回索引从 1 到 2 的元素。

切片操作可以使用 3 个参数：start、stop 和 step。这 3 个参数用于从序列（如列表、元组或字符串）中提取子序列。

```
fruits = ["apple", "banana", "cherry", "date"]
print(fruits[0])    # 输出: apple
print(fruits[1])    # 输出: banana
print(fruits[2])    # 输出: cherry
print(fruits[3])    # 输出:date
print(fruits[-4])   # 输出: apple
print(fruits[-3])   # 输出: banana
print(fruits[-2])   # 输出: cherry
print(fruits[-1])   # 输出: date
```

图 3-4　通过索引访问列表

（1）start：起始索引，表示切片的起始位置，默认值为 0。

（2）stop：结束索引，表示切片结束的位置，该索引的元素不会包含在切片中，默认值为序列的末尾。

（3）step：步长，表示在切片过程中，从起始索引到结束索引之间的元素访问间隔，默认值为 1。

下面是切片操作的几个基本应用实例。

1. 删除列表中的元素

要删除一个列表的第一个元素，可以使用切片，如图 3-5 所示。

2. 复制列表

使用切片可以轻松地复制一个列表，如图 3-6 所示。

```
lst = [1,2,3,4,5]
lst = lst[1:]
print(list)#输出[2,3,4,5]
```

图 3-5　通过切片删除元素

```
lst = [1, 2, 3, 4, 5]
new_lst = lst[:]
print(new_lst)  # 输出: [1, 2, 3, 4, 5]
```

图 3-6　通过切片复制列表

3. 列表的遍历

遍历是编程中的一个基本概念，指的是访问一个集合中的每个元素，并对其执行某种操作。在 Python 中，遍历通常涉及使用循环结构，如 for 循环。例如，如果有一个列表，并希望打印其每个元素，可以使用 for 循环遍历列表，如图 3-7 所示。

除此之外，还可以通过索引进行遍历，如图 3-8 所示。

```
a = [1, 2, 3, 4]
for i in a:
    print(a[i])
```

图 3-7　直接遍历列表

```
for i in range(len(a)):#len函数会返回列表的元素个数
    print(a[i])
```

图 3-8　通过索引遍历列表

3.1.3　二维列表的创建和遍历

二维列表是一种特殊的数据结构，用于表示二维的表格或矩阵。二维列表实际上是一个包含多个子列表的列表，每个子列表表示矩阵中的一行或一列数据，因此可以通过列表的嵌套来创建二维列表，如图 3-9 所示。

在遍历二维列表时，外层循环遍历 matrix 中的每一个列表，内层循环遍历每个子列表的子元素。

```
matrix = [[1, 2, 3],[4, 5, 6,7]]
#对该二维数组进行遍历
for i in range(len(matrix)):
    for j in range(len(matrix[i])):
        print(matrix[i][j],end=' ')#输出一个元素后在末尾加上一个空格
    print()#输出完一个列表的元素进行换行
```

图 3-9　对二维列表进行遍历

3.1.4　更新列表

1. 添加列表元素

（1）使用 append()函数可以将元素添加到列表末尾，如图 3-10 所示。

```
lst = [1, 2, 3]
lst.append(4)
print(lst) # 输出: [1, 2, 3, 4]
```

图 3-10　append()函数的使用方法

（2）使用 insert()函数可以在列表中插入元素，该函数需要两个参数：第一个参数是插入的索引位置，第二个参数是要插入的元素，如图 3-11 所示。

```
lst = [1, 2, 3]
lst.insert(1, 5)
print(lst) # 输出: [1, 5, 2, 3]
```

图 3-11　insert()函数的使用方法

2. 删除列表元素

（1）使用 remove()函数可以删除元素，如图 3-12 所示。

```
lst = [1, 2, 3, 4, 5, 3]
lst.remove(3)
print(lst) # 输出: [1, 2, 4, 5, 3]
```

图 3-12　remove()函数的使用方法

remove()函数需要一个目标删除元素作为参数，如果元素不在列表中，则会引发一个 ValueError。

（2）使用 del 关键字删除列表元素对象，如图 3-13 所示。

del 关键字还可以用来删除整个列表对象，如图 3-14 所示。

```
lst = [1, 2, 3, 4, 5, 3]
del lst[1]
```

```
list1 = [1, 2, 3]
del list1
```

图 3-13　使用 del 关键字删除列表元素　　图 3-14　使用 del 关键字删除整个列表

3. 修改列表的内容

（1）通过索引进行列表元素的引用并修改，可以实现对列表中指定元素的修改，如图 3-15 所示。

```
a = [1, 2, 3]
a[2] = 4
print(a)  # 打印结果为[1,2,4]
```

图 3-15　对象引用改变列表

（2）通过切片操作可以对列表的多个元素进行修改，如图 3-16 所示。

```
a = [10, 2, 3]
a[0:2] = [10, 5, 6, 7]
print(a)  # 打印结果为[10, 5, 6, 7, 3]
```

图 3-16　对象引用改变列表中的多个元素

3.1.5　列表常用操作

除了上述操作外，列表还有一些比较常用的操作，可以对其进行排序、求和等，如表 3-1 所示。

表 3-1　列表常用的其他操作

操　　作	具　体　功　能
list1＋list2	将两个列表合并为一个列表
list1 * n	将列表重复 n 次
sorted(list1)	返回一个排序后的列表副本
list1.sort()	对列表进行原地排序
x in list1	检查 x 是否在列表中
x not in list1	检查 x 是否不在列表中
sum(list1)	计算列表中所有元素的总和
min(list1)	返回列表中的最小值
max(list1)	返回列表中的最大值

例 3.1　对于一个繁忙的物流公司来说，提高配送效率和节约成本非常重要。快递从地点 A 被运往地点 D，需要经过地点 B 和地点 C 两个分拣点。每两个地点之间有 4 条运输道路可选，但每条道路行程不同。A 到 B 的道路行程为 13、10、15、20；B 到 C 的道路行程为 10、20、35、25；C 到 D 的道路行程为 15、35、21、30。请读者运用 Python 二维列表设计一个程序，帮助调度员选出最优运输路线。

引导 Copilot 生成代码的指令如下：

```
//(复制题目信息)
```

Copilot 给出的代码如图 3-17 所示。

例 3.1 以二维列表作为数据容器，通过遍历所有可能的配送路线，计算每条路线的总距离，最终找到最短的运输行程和对应的最优路线。程序使用库函数 itertools.permutations

```python
import itertools
# 城市之间的距离矩阵
distances = [
    [13, 10, 15, 20],
    [10, 20, 35, 25],
    [15, 35, 21, 30],
    [20, 25, 30, 11]
]
# 城市列表
cities = ['A', 'B', 'C', 'D']
# 计算所有可能的配送路线
routes = list(itertools.permutations(cities))
# 初始化最短距离和最短路线
shortest_distance = float('inf')
shortest_route = None
# 遍历所有路线
for route in routes:
    total_distance = 0
    for i in range(len(route) - 1):
        # 获取当前城市和下一个城市的距离
        current_city = route[i]
        next_city = route[i + 1]
        distance = distances[cities.index(current_city)][cities.index(next_city)]
        total_distance += distance
    # 更新最短距离和最短路线
    if total_distance < shortest_distance:
        shortest_distance = total_distance
        shortest_route = route
# 打印最短路线和距离
print("最短路线:", shortest_route)
print("最短距离:", shortest_distance)
```

图 3-17　物流配送问题

生成了 A 点到 D 点所有路线的排列组合,然后通过嵌套循环计算每个城市之间的距离并累加到总距离中。在遍历过程中,通过比较总距离的大小更新最短距离和最优路线。

◆ 3.2　元　　组

在地理信息系统和导航应用中,经纬度坐标用于定位地点。为了确保地点的坐标不会被意外修改,需要用不可修改的数据结构来存储地点的经纬度——元组。元组的不可变性启发读者,即使面对困难和变化,也要保持内心的坚定和稳定。

元组(tuple)是一种不可变的序列类型,与列表类似,可以在一个元组中存放不同类型的数据。但元组中的元素是不可变的,因此可以把元组理解为只读列表。这意味着一旦创建了一个元组,就不能更改、添加或删除其中的元素了。

3.2.1　元组的创建

元组使用圆括号"()"创建,其中的元素用逗号分隔。例如(1,2,3,"hello",4.5),这是一个包含 5 个元素的元组,其中包含 3 个整数、一个字符串和一个浮点数。

元组中的元素可以是不连续的,也可以包含重复的元素,例如(1,3,3,7,9,"hello","world")。

但要特别注意的是,当元组中只有一个元素时,必须在那个元素之后加一个逗号,否则会被编译器认为是圆括号内对象的数据类型,如图 3-18 所示。

与列表相同,元组也可以通过生成式来创建,如图 3-19 所示。

```
t1 = ("hello")
t2 = ("hello",)
print(type(t1))    # 打印结果为<class 'str ' >
print(type(t2))    # ..打印结果为<class..'.tuple ' >
```

图 3-18　单个元素元组格式规范

```
t1 = (i for i in range(10) if i % 2 == 0)
print(t1)
```

图 3-19　用推导式创建元组

与列表推导式不同的是,这种推导方式称为生成器推导式,它会返回一个生成器,而不是元组。例如,图 3-19 中的代码打印的结果是"<generator object <genexpr>at 0x000002A8590542B0>",这个结果是生成器本身的属性(对象类型和地址),而不是我们想要的偶数元组,但可以通过遍历的方式访问,如图 3-20 所示。

```
t1 = (i for i in range(1,10) if i % 2 == 0)
for i in t1:
    print(i)
```

图 3-20　遍历方式访问生成器

打印结果为

```
2
4
6
8
```

此外,列表推导式生成的列表可以多次访问,而生成器生成的列表只能访问一次,如果要再次访问,则要重新生成。列表推导式和生成器推导式在内存占用上也有一定的区别,列表推导式会直接形成一个新的列表,一次性将所有的数据都放入内存中,如果列表元素非常多,就会占用很大的内存空间。而生成器只是生成指定的算法,只有访问时才会产生新的元素,所以生成器只会占用较小的内存空间。

3.2.2　元组的访问

元组也是有序数列,所以它可以像列表一样通过索引进行访问。但是元组为不可变序列,不能像数列那样进行切片操作。虽然元组不可改变,但如果元组内部存在可变的数据结构,那么这个数据结构就是可以改变的,如图 3-21 所示。

```
t1 = ([10, 2, 3], 3, 5, 6)
t1[0][1:2] = [7, 8, 9]
print(t1)    # 打印结果为([10, 7, 8, 9, 3], 3, 5, 6)
```

图 3-21　通过切片操作改变元组内的列表

例 3.2　一位程序员正在开发一个新的项目。这个项目需要处理大量的数据,并对数据进行分析和处理。在这个项目中,他需要读取一个包含学生信息的数据文件,并将学生的姓名、年龄和成绩存储起来。他需要根据学生成绩对这些学生信息进行排序,并按照排序后的顺序输出结果,请帮他完成这个任务。

引导 Copilot 的提示语如下:

> //编写 Python 程序,存储学生的姓名、年龄和成绩,根据学生成绩对这些学生信息进行排序,并按照一定的规则输出结果。

Copilot 给出的代码如图 3-22 所示。

```python
# 定义一个包含学生信息的元组列表
students = [
    ('Alice', 18, 85),
    ('Bob', 20, 92),
    ('Charlie', 19, 78),
    ('David', 21, 90),
    ('Emily', 19, 88)
]

# 按照学生成绩进行排序
sorted_students = sorted(students, key=lambda student: student[2])
# 输出排序结果
for student in sorted_students:
    print(f"姓名: {student[0]}, 年龄: {student[1]}, 成绩: {student[2]}")
```

图 3-22 学生信息存储问题

这段代码定义了一个包含学生信息的元组列表 students,其中每个元组包含学生的姓名、年龄和成绩,然后使用 sorted()函数对 students 列表进行排序,通过 key 参数指定了排序的依据,这里使用了一个匿名函数 lambda(),以每个学生的成绩 student[2]作为排序的依据。排序后将结果赋值给 sorted_students 变量。

◇ 3.3　字　　典

在现代社会,人们经常需要查询不同城市的天气情况,这就需要气象工作者将每个城市与其对应的天气信息关联起来,这时可以使用一个元素内容具有映射关系的 Python 数据结构——字典。字典的键和值具有映射关系,例如字典{"北京":"晴","上海":"多云","广州":"阴"}就将城市(键)与天气(值)对应起来。通过字典的键值对,可以快速查找特定城市的天气情况。字典的键是唯一的。

字典(dictionary)是 Python 中的一种非常重要的数据结构,与列表、元组和字符串等序列不同,它不是基于元素顺序来存储数据的,而是基于键来存储数据的。无序性是字典的一个关键特性:字典中的元素没有固定的顺序,不能通过索引直接获取元素,而是通过键来获取对应的值。在字典中,一个键只能对应一个值,不同的键可以对应相同的值,读者可以类比函数中的自变量和因变量来加深理解。

3.3.1　创建字典

字典是由键值对组成的,由大括号包围。可以通过以下方法创建字典。

1. 通过赋值语句创建字典

在创建字典时,既可以通过花括号直接赋值创建,也可以通过 dict()函数创建。例如使用 dict()函数将键值对形式的列表创建为字典,在 dict()函数中还可以调用 zip()函数将多个序列作为参数,返回由元组组成的列表,再通过 dict()函数创建字典,如图 3-23 所示。

```
dict1 = {'优': 90, '良': 80}
dict2 = dict([["姓名", "张三"], ["年龄", 18], ["性别", "男"]])
dict3 = dict(zip(["姓名", "年龄", "性别"], ["张三", 18, "男"]))
print(dict3.items())  # 遍历整个字典
```

图 3-23　通过赋值语句创建字典

打印结果如下:

```
dict_items([('姓名', '张三'), ('年龄', 18), ('性别', '男')])
```

2. 通过 fromkeys()函数创建字典

通过 frontkeys()函数可以创建值都相同的字典,可以将一个序列作为键,然后指向一个相同的值,如果不指定值,默认为 None,如图 3-24 所示。

```
dict4 = {}.fromkeys( __iterable: ["优", "良好", "及格"], __value: "大于60分")
print(dict4.items())
dict5 = {}.fromkeys(["优", "良好", "及格"])
print(dict5.items())
```

图 3-24　通过 fromkeys()函数创建字典

打印结果如下:

```
dict_items([('优', '大于 60 分'), ('良好', '大于 60 分'), ('及格', '大于 60 分')])
dict_items([('优', None), ('良好', None), ('及格', None)])
```

3. 通过字典推导式创建字典

字典推导式(dictionary comprehension)是 Python 中的一种简洁地创建字典的方式,它使用一个表达式和一个 for 循环来创建一个新的字典。

字典推导式的基本语法为:

```
{key: value for (key, value) in iterable}
```

其中,key 是字典的键,value 是字典的值,iterable 是一个可迭代对象,例如列表、元组或集合。

假设有一个列表,其中包含一些字符串,如果要创建一个字典,其中列表中的每个字符串都是键,而字符串的长度是值,则可以使用字典推导式来实现这个需求,如图 3-25 所示。

```
strings = ['apple', 'banana', 'cherry', 'date']
lengths = {string: len(string) for string in strings}
```

图 3-25　通过字典推导式创建字典

这样能够快速创建一个字典,其中键和值之间的关系是基于某个可迭代对象的特定属性。

3.3.2 访问字典

1. 通过键访问值

字典可以通过键来访问相应的值，如图 3-26 所示。

```
dict2 = dict([["姓名", "张三"], ["年龄", 18], ["性别", "男"]])
print(dict2["姓名"])  # 打印结果为"张三"
print(dict2["身高"])  # 报错.不存在"身高"这个键
```

图 3-26　通过键访问值

字典对象提供了一个 get() 方法来访问键对应的值，当键存在时返回对应的值，当键不存在时也不会报错，而是返回默认值，如图 3-27 所示。

```
dict3 = dict(zip(["姓名", "年龄", "性别"], ["张三", 18, "男"]))
print(dict3.get("年龄", "该键不存在"))  # 打印结果18
print(dict3.get("身高", "该键不存在"))  # 打印结果为"该键不存在"
```

图 3-27　通过 get() 方法访问键对应的值

2. 访问字典所有的键、值和键值对

可以分别用 keys() 方法、values() 方法和 items() 方法来实现，如图 3-28 所示。

```
dict5 = {n: n ** 2 for n in range(10)}
print(dict5.keys())
print(dict5.values())
print(dict5.items())
```

图 3-28　访问字典所有的键、值和键值对

打印结果为：

```
dict_keys([0, 1, 2, 3, 4, 5, 6, 7, 8, 9])
dict_values([0, 1, 4, 9, 16, 25, 36, 49, 64, 81])
dict_items([(0, 0), (1, 1), (2, 4), (3, 9), (4, 16), (5, 25), (6, 36), (7, 49), (8, 64), (9, 81)])
```

3. 遍历字典

一般通过 for 循环来遍历字典，如图 3-29 所示。

```
dict5 = {n: n ** 2 for n in range(10)}
for key in dict5:  # 遍历键
    print(key)
for value in dict5.values():  # 遍历值
    print(value)
for key, value in dict5.items():  # 遍历键值对
    print(key, value)
```

图 3-29　遍历字典

3.3.3　更新字典

字典是一个可变对象,所以可以对字典进行增加元素、删除元素和修改元素等操作。

1. 添加元素

可以通过赋值语句向字典中添加键值对元素,如图 3-30 所示。

```
dict3 = dict(zip(["姓名", "年龄", "性别"], ["张三", 18, "男"]))
dict3["年龄"] = 19
print(dict3["年龄"])   # 打印结果为19
dict3["身高"] = 185
print(dict3["身高"])   # 打印结果为185
```

图 3-30　通过赋值语句向字典中添加键值对元素

总结:若字典有赋值语句中所包含的键,则对键的值做出相应的修改;若没有该键,则会在字典中加入这对键值对。

2. 合并字典

通过 update()函数可以将一个字典的内容添加到当前字典中,如果两个键有重名,则用另一个字典的值对当前字典进行更新,如图 3-31 所示。

```
dict3 = dict(zip(["姓名", "年龄", "性别"], ["张三", 18, "男"]))
dict4 = {}.fromkeys( _iterable: ["优", "良好", "及格"], _value: "大于60分")
dict3.update(dict4)
print(dict3.items())
```

图 3-31　通过 update()函数合并字典

打印结果如下:

```
dict_items([('姓名', '张三'), ('年龄', 18), ('性别', '男'), ('优', '大于 60 分'),
('良好', '大于 60 分'), ('及格', '大于 60 分')])
```

3. 删除元素

del 关键字用来删除整个字典,pop()函数将会删除指定键的字典元素,如果该键不存在,则返回第二个参数的值;若该键存在,则返回该键的值并删除,如图 3-32 所示。

```
dict1 = {'x ': 18, 'y ': 19}
del dict1  # 删除整个字典
dict5 = {n: n ** 2 for n in range(10)}
print(dict5.pop(20, "键不存在"))
print(dict5.items())
```

图 3-32　删除字典元素

打印结果为:

```
键不存在
dict_items([(0, 0), (1, 1), (2, 4), (3, 9), (4, 16), (5, 25), (6, 36), (7, 49), (8,
64), (9, 81)])
```

例 3.3 某次流行疾病期间,政府组织了一次紧急会议,邀请了专家、医疗机构的代表以及相关部门的人员参加。会议上,大家一致认为需要建立一个公平合理的医疗资源分配机制,以确保每个地区都能得到适当的医疗救治。然而,由于地区过多,如何快速确定每个地区的医疗资源需求量和分配方案是否匹配成了一个棘手的问题,请编写一个 Python 程序解决上述问题。

引导 ChatGPT 的提示语如下:

//用 Python 中的字典来记录每个地区的医疗资源需求量和分配情况,将每个地区的名称作为字典的键,将医疗资源需求量和实际分配量作为字典的值,比较医疗资源需求量和实际分配量的大小,输出每个地区的资源是否充足

ChatGPT 生成的代码如图 3-33 所示。

```python
medical_resources = {
    "地区A": {"需求量": 100, "分配量": 80},
    "地区B": {"需求量": 150, "分配量": 200},
    "地区C": {"需求量": 120, "分配量": 120},
    "地区D": {"需求量": 80, "分配量": 60},
}

# 遍历字典,比较需求量和分配量
for region, resources in medical_resources.items():
    demand = resources["需求量"]
    allocation = resources["分配量"]

    if allocation >= demand:
        print(f"{region}的资源充足")
    else:
        print(f"{region}的资源不足")
```

图 3-33 资源分配问题

例 3.3 使用了嵌套字典来记录每个地区的医疗资源需求量和实际分配量。代码的主要逻辑是通过遍历每个地区,比较需求量和分配量的大小,然后输出每个地区的资源是否充足。

◇ 3.4 集　　合

开发者在社交媒体分析中需要统计用户的粉丝和关注列表。使用集合可以方便地存储每个用户的粉丝和关注者,而且集合的去重特性确保了每个用户只被计算一次。通过集合的交集、并集和差集等操作,可以进行用户关系的分析和计算。

集合教会学习者去除重复,保持清爽和简洁,要学会摒弃生活中的繁杂和无用的事物,专注于真正重要的事情。

集合(set)是一种无序且不重复的数据集合。集合是使用花括号"{}"来表示的,其中的元素用逗号分隔。集合可以包含不同类型的元素,如整数、浮点数和字符串等。

3.4.1　创建集合

创建集合有 3 种方式：通过赋值语句创建集合(不能用空集合进行赋值,因为"{}"代表的是空字典,而不是空集合);通过 set()函数创建可变集合;通过 frozenset()函数创建不可变集合,如图 3-34 所示。

```
set1={1, 2, 3, 4, 5}
set2=set([1, 2, 3, 4]) #将列表转化为集合
set3=set((1, 2, 3, 4)) #将元组对象转化为集合
set4=frozenset((1, 2, 3)) #创建后不可改变
```

图 3-34　创建集合

3.4.2　访问集合

由于集合是无序的,所以不能通过索引访问集合,只能通过遍历访问集合中的各个元素,如图 3-35 所示。

例 3.4　小李正在开发一个在线购物平台的后端系统,他需要编写一个函数用于处理用户购物车中的商品列表。由于用户可能会多次添加同一种商品到购物车中,因此请帮他编写一个函数,对购物车中的商品列表进行去重,并保持用户添加商品的顺序不变。

```
set1 = {1, 2, 3, 4, 5}
for i in set1:
    print(i, end=', ')
```

图 3-35　通过遍历访问集合

引导 ChatGPT 生成代码的提示语如下:

//编写 Python 函数,利用集合相关操作,将一个用于记录用户购物车的列表中的元素去重并保持顺序不变

ChatGPT 给出的代码如图 3-36 所示。

```
def remove_duplicates(lst):
    # 使用集合去重，并保持顺序不变
    unique_set = set()
    unique_list = []
    for item in lst:
        if item not in unique_set:
            unique_set.add(item)
            unique_list.append(item)
    return unique_list
shopping_cart = ['apple', 'banana', 'apple', 'orange', 'banana', 'pear', 'pear']
unique_items = remove_duplicates(shopping_cart)
print(unique_items)
```

图 3-36　购物车去重问题

在例 3.4 中,程序使用遍历将列表中的元素依次放入集合,利用集合自动去重的性质完成了去重操作,将去重后的集合中的元素放入一个新的列表。

3.4.3　更新集合

使用 Python 中的集合(set)时,可以使用以下方法进行元素的添加、删除和清空操作。

(1) 使用 add()方法可以向集合中添加单个元素,如图 3-37 所示。如果添加的元素已经存在于集合中,则不会产生任何变化。

```
fruits = {"apple", "banana", "cherry"}
fruits.add("orange")
print(fruits)# 输出: {'cherry', 'banana', 'orange', 'apple'}
```

图 3-37　通过 add()方法增加单个元素

（2）使用 update()方法可以向集合中添加多个元素，如图 3-38 所示。可以传入一个可迭代对象（如列表、元组、集合）作为参数。

```
fruits = {"apple", "banana", "cherry"}
fruits.update(["orange", "grape"])
print(fruits)# 输出: {'cherry', 'banana', 'orange', 'apple', 'grape'}
```

图 3-38　通过 update()方法增加多个元素

（3）使用 remove()方法可以从集合中删除指定的元素，如图 3-39 所示。如果元素不在集合中，则会抛出 KeyError 或 ValueError 异常。

```
fruits = {"apple", "banana", "cherry"}
fruits.remove("banana")
print(fruits)# 输出: {'cherry', 'apple'}
```

图 3-39　通过 remove()方法删除集合中的指定元素

（4）使用 discard()方法可以从集合中删除指定的元素，如图 3-40 所示。如果元素不在该集合中，则不会抛出异常。

```
fruits = {"apple", "banana", "cherry"}
fruits.discard("banana")
print(fruits)# 输出: {'cherry', 'apple'}
```

图 3-40　通过 discard()方法删除集合中的指定元素

（5）使用 pop()方法随机删除集合中的一个元素，并返回被删除的元素，如图 3-41 所示。

```
fruits = {"apple", "banana", "cherry"}
removed_fruit = fruits.pop()
print(removed_fruit)# 输出: 随机输出一个水果名称, 例如 'apple'
print(fruits)# 输出: {'cherry', 'banana'} (可能的输出顺序不同)
```

图 3-41　通过 pop()方法随机删除集合中的一个元素

（6）使用 clear()方法可以清空集合中的所有元素，如图 3-42 所示。

```
fruits = {"apple", "banana", "cherry"}
fruits.clear()
print(fruits)# 输出: set()
```

图 3-42　通过 clear()方法清空集合

3.4.4　集合常见操作

除了上述操作外，集合还有一些比较常用的操作，有助于求集合的长度、比较集合的大小关系等，具体如表 3-2 所示。

表 3-2　集合常用的其他操作

操　作	解　释
set1＝＝set2	判断两个集合是否相等,即判断两个集合中的元素是否完全相同
set1＞set2	判断一个集合是否是另一个集合的真超集,即判断一个集合是否包含另一个集合的所有元素,并且还有额外的元素
set1＜set2	判断一个集合是否是另一个集合的真子集,即判断一个集合是否被另一个集合包含,并且还有额外的元素
set1－set2	从一个集合中移除另一个集合中存在的元素,返回剩余的元素组成的新集合
set1&set2	找出两个集合中共有的元素,返回一个新的集合,包含两个集合的交集
set1^set2	找出两个集合中不重复的元素,返回一个新的集合,包含两个集合的对称差集
len(集合名)	返回集合中元素的数量

例 3.5　某初中班级的班主任想要统计学生的兴趣爱好情况。他的班级里有一些学生喜欢足球,有一些学生喜欢篮球,还有一些学生同时喜欢足球和篮球。请用 Python 程序统计既喜欢足球又喜欢篮球的学生和至少喜欢其中一项的学生。

引导 ChatGPT 生成的提示语如下:

//用 Python 中的集合分别记录喜欢足球的学生和喜欢篮球的学生,统计既喜欢足球又喜欢篮球的学生和至少喜欢其中一项的学生

ChatGPT 生成的代码如图 3-43 所示。

```python
football_lovers = {'Alice', 'Bob', 'Charlie', 'David'}
basketball_lovers = {'Bob', 'Charlie', 'Eve', 'Frank'}


both_lovers = football_lovers & basketball_lovers
either_lovers = football_lovers | basketball_lovers


print("既喜欢足球又喜欢篮球的学生: ", both_lovers)
print("至少喜欢其中一项的学生: ", either_lovers)
```

图 3-43　统计学生兴趣

例 3.5 创建了两个集合,football_lovers 集合表示喜欢足球的学生,basketball_lovers 集合表示喜欢篮球的学生。通过计算交集和并集便得到了既喜欢足球又喜欢篮球的学生和至少喜欢其中一项的学生的集合。

◆ 本 章 小 结

1. 列表是一种可变序列,用于存储多个元素,可以通过索引访问和修改元素,支持添加、删除和修改操作,常用于有序数据的存储和处理。

2. 元组是一种不可变序列,用于存储多个元素,可以通过索引访问元素,但不能修改元素,具有较高的访问效率,常用于存储不可变的数据。

3. 字典是一种键值对的集合,用于存储和表示多个相关联的数据,每个元素由键和值组成,支持通过键快速访问和修改值,常用于存储和检索具有关联关系的数据。

4.集合是一种无序的唯一元素的集合,用于存储和处理不重复的数据,支持交集、并集和差集等集合操作,常用于去重和判断元素是否存在的场景。

◆ 本 章 习 题

一、填空题

1.使用 keys()方法可以获取字典中所有的＿＿＿＿＿＿＿。

2.使用 clear()方法可以清空一个＿＿＿＿＿＿＿中的所有元素。

3.字典可以使用＿＿＿＿＿＿＿方法获取指定键的值,如果键不存在,则返回默认值。

4.＿＿＿＿＿＿＿可以使用 sort()方法对其内部的元素进行排序。

5.列表可以通过＿＿＿＿＿＿＿操作修改、删除和增加其中的元素。

二、选择题

1.(　　)数据类型不允许重复的元素。

　　A.列表　　　　　　　B.元组　　　　　　　C.集合　　　　　　　D.字典

2.字典的键值对以(　　)形式存储。

　　A.列表　　　　　　　B.集合　　　　　　　C.字符串　　　　　　D.元组

3.(　　)方法可以用于获取集合中的所有元素数量。

　　A.count()　　　　　　B.len()　　　　　　　C.size()　　　　　　D.length()

4.(　　)方法可以用于在列表末尾添加一个元素。

　　A.append()　　　　　B.extend()　　　　　C.insert()　　　　　D.remove()

5.在 Python 中,(　　)数据类型是不可变的。

　　A.列表　　　　　　　B.元组　　　　　　　C.集合　　　　　　　D.字典

三、编程题

1.利用集合将一个含有重复元素的递增列表去重并保持原顺序不变。

2.利用列表生成式生成含有 1 到 100 中能被 2 或 3 整除的数的列表。

3.创建一个包含 5 个元组的列表 my_tuple_list,每个元组包含一个姓名和对应的年龄,然后根据年龄对元组进行排序,按照年龄从小到大排序。

4.创建一个字典 student_dict,包含学生的姓名和对应的成绩,使用字典推导式创建一个新字典 passing_dict,其中包含成绩大于或等于 60 分的学生及其对应的成绩。

5.创建一个包含 5 个字符串的列表 my_list,将列表中的前三个字符串连接起来,并将结果赋值给变量 result。

◆ 拓 展 阅 读

Guido von Rossum(吉多·范·罗苏姆)于 1956 年出生于荷兰,他从小就对计算机科学领域充满了好奇心。Guido 在荷兰的研究生院就读计算机科学专业,于 1982 年获得了硕士学位。此后,他加入了荷兰国际商业机器公司(IBM)工作,并开始在计算机科学领域研究人工智能。

在 1989 年的圣诞节前,Guido 发明了一种名为 Python 的编程语言。在其发明之初,

Python 就倍受好评,因其语法简单易懂,具有高效性和可移植性而在编程社区获得了广泛的认可。Python 的成功引起了计算机科学领域的重视,并为 Coding 维度里面的每位程序员带来了一把利剑,更丰富了整个人类数字生活的砝码。

Guido 想发明一种简单易懂的编程语言,因此他创造了 Python。这种编程语言也因此得到了很多用户的青睐。Python 是一种高效且容易学习的语言,可以被用于广泛的领域,包括网络应用、计算机图形应用、科学计算、数据分析、自然语言处理等领域。Python 的流行推动了计算机科学领域的发展,并带动了人工智能和机器学习的壮大。

Python 的诞生离不开 Guido 的聪明才智和非凡的奉献。Guido 在设计 Python 的过程中考虑了各种因素,包括这种语言应该是简单易懂的、应该有大量的内置类型和操作以及应该易于扩展。Python 具有结构明确的语法、高效的解释器和良好的 API 文档,使它成了快速开发原型和大型应用的首选语言。

Guido 一直致力于开发和改进 Python,其每一个版本都引入了新功能,并解决了前一版本中的缺陷。如今,Python 已经发展成了一门完整的编程语言,并且被广泛应用于科学、工程、商业和互联网等领域。Python 社区也随之发展,成为国际上最活跃的开源社区之一。

(链接来源:https://zh.wikipedia.org/wiki/Python)

## 第 4 章

选择结构与循环结构

生活中,人们常常做出选择和假设,或者反复做同一件事情。在计算机编程中,也有选择结构(if)和循环结构(for、while 等),一个健壮的程序中常常会出现这两大结构。Python 中的控制流程主要包括顺序结构、选择结构和循环结构。顺序结构是最简单的控制流程,程序按照代码的逻辑顺序一步一步地执行。选择结构用于根据条件判断执行不同的代码块,Python 主要使用 if、elif 和 else 关键字来实现选择结构。循环结构用于重复执行某段代码,Python 主要使用 for 和 while 关键字来实现循环结构。本章内容将围绕这些展开。

本章学习目标

一、知识目标

1. 理解布尔类型及 True/False。

2. 掌握顺序和选择结构(if-elif-else)。

3. 熟悉循环结构(while/for 语句)。

4. 掌握 break 和 continue 语句。

5. 认识嵌套结构。

二、技能目标

1. 能够熟练运用选择结构和不同类型的循环结构解决实际问题。

2. 能够根据问题需求,运用选择结构和循环结构设计简单的算法。

3. 能够分析程序的执行流程,识别和修复代码中的错误,以确保程序能够正确地运行。

三、情感态度和价值目标

1. 培养耐心和毅力。通过不断的练习和调试,克服编程中遇到的困难和挑战,提高解决问题的能力。

2. 建立创新思维,善于运用选择结构和循环结构解决问题,提高编程的效率和质量。

3. 培养逻辑思维和分析能力,能够深入理解程序的执行流程,分析问题并提出有效的解决方案。

◆ 4.1　布 尔 类 型

生活中的很多事情都有对错,我们要自主判断事情的对错,对自身、家人、社会乃至国家有利的事情要积极去做,而危害自身或他人的有害事情绝不要做。在 Python 中,通常使用布尔类型表示对错的概念。

Python 中的逻辑表达式的值若非 False、0(或 0.0、0j 等)、空值 None、空列表、空元组、空集合、空字典、空字符串、空 range 对象或其他空迭代对象,则 Python 解释器均认为与 True 等价。

如下所示,只有当条件与 True 等价时,才会执行 if 语句的内容。

```
a = 6
if True:
    a = 4
print(a)
b = 4
if False:
    b = 4
print(b)
```

布尔类型(bool)是 Python 中的一个内置数据类型,用于表示真(True)或假(False)。

1. 创建布尔值

布尔值有 True 和 False 两种。如下所示:

```
true_value = True
false_value = False
```

2. 布尔运算符

常见的布尔运算符有 and、or 和 not。如下所示:

```
and_result = true_value and false_value
                            #结果为 False,因为 True and False 结果为 False
or_result = true_value and false_value  #结果为 True,因为 True or False 结果为 True
not_result = not true_value             #结果为 False,因为 not True 结果为 False
```

3. 比较布尔值

在比较布尔值时,相等则为 True,不相等则为 False。如下所示:

```
equal_result = true_value == false_value    #结果为 False,因为 True 和 False 不相等
not_equal_result = true_value != false_value #结果为 True,因为 True 和 False 不相等
```

4. 布尔值的转换

当表达式满足条件时为 True,不满足则为 False。如下所示:

```
num = 5
bool_num = num>0                        #结果为 True,因为 5 大于 0
str_bool = "hello" == "world"           #结果为 False,因为 "hello" 和"world"不相等
```

注意:布尔运算符包括关系运算符($>$、$<$、$>=$、$<=$、$==$、$!=$)和逻辑运算符(and、

or、not），在 and 语句中，只有 and 左右两边的条件同时成立才等价于 True，在 or 语句中，至少有一边满足条件就等价于 True。

◇ 4.2　顺序和选择结构

在学习程序设计时，一味追求简单是一种趋利避害思想的体现，体现了一种得过且过的心理。作为学习者，我们要克服这种怕麻烦的心理，直面程序设计乃至人生中的种种困难。程序设计过程中的顺序结构和选择结构可以为解决实际问题提供更多的方案。

4.2.1　顺序结构

顺序结构是指程序从第一行语句开始执行，执行到最后一条语句结束，如图 4-1 所示。下面是一个简单的顺序结构代码。

```
print("早上好!")
print("一日之计在于晨")
print("快乐的一天从学习开始!")
print("今天也要一起努力呀!")
```

代码会从第一行到第四行依次执行输出。

在数学中有很多平面图形，例如菱形、矩形、圆形等，它们在 Python 中也可以用代码"画"出来。

例 4.1　请设计程序，用符号"＊"画出一个菱形。

代码如下所示：

```
print("    *    ")
print("   ***   ")
print("  *****  ")
print(" ******* ")
print("  *****  ")
print("   ***   ")
print("    *    ")
```

输出结果如图 4-2 所示。

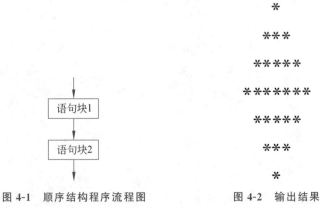

图 4-1　顺序结构程序流程图　　　　图 4-2　输出结果

4.2.2　选择结构

选择结构有利于处理各种选择问题。

以下是基本结构形式,如图 4-3～图 4-5 所示。

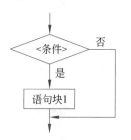

图 4-3　单选择结构程序流程图

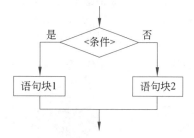

图 4-4　双选择结构程序流程图

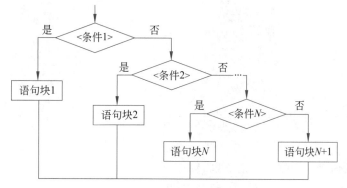

图 4-5　多选择结构程序流程图

Python 中的选择结构主要包括 if 语句、elif 语句(else if 语句)和 else 语句。这种结构根据条件的成立与否来执行相应的代码块。以下是 Python 选择结构的基本格式。

(1) 标准 if 语句如下所示:

```
if 条件:
    代码块
```

当条件成立时,执行代码块中的语句。

(2) elif 语句(else if 语句),如下所示:

```
if 条件 1:
    代码块 1
elif 条件 2:
    代码块 2
```

当条件 1 成立时,执行代码块 1 中的语句;如果条件 1 不成立,但条件 2 成立,则执行代码块 2 中的语句。

(3) else 语句,如下所示:

```
if 条件 1:
    代码块 1
```

```
elif 条件 2:
    代码块 2
else:
    代码块 3
```

当条件 1 或条件 2 成立时,执行相应的代码块;如果条件 1 和条件 2 都不成立,则执行 else 语句中的代码块。

注意:当 if/elif 对应的条件是 True 或等价于 True 时,if/elif 内部的语句才会被执行,否则不执行/执行 else 中的语句,条件之后的冒号不能少,执行语句的缩进要一致。

下面是实现分数等级评估功能的代码:

```python
#判断分数区间
score = int(input("请输入您的分数: "))

#分支结构判断:
if score < 60:
    print("不及格")
elif 60 <= score < 80:
    print("及格")
elif 80 <= score < 90:
    print("良好")
else:
    print("优秀")
```

在这个例子中,我们根据用户输入的分数使用选择结构(if-elif-else)判断成绩等级,并输出相应的提示信息。根据分数的不同,程序会执行不同的分支。

例 4.2　输入两个整数,分别存入 a 与 b,并判断 a 与 b 的大小,若 a 大于 b,则将二者的值交换后输出,否则直接输出。

为实现上述例题,引导 Copilot 生成代码的指令如下:

```
//写一段代码,分别输入两个整数 a 和 b,比较两个整数 (a 和 b)的大小,若 a 大于 b,则交换二者的值并输出
```

下面是一个 Python 程序,它接收两个整数作为输入,然后根据题目要求进行大小判断,并交换值或直接输出。

```python
a = int(input("请输入第一个整数: "))
b = int(input("请输入第二个整数: "))

if a > b:
    a, b = b, a
print("a:", a, "b:", b)
```

在控制台输入两个整数,程序将根据题目要求进行大小判断,并输出交换后的结果。

例 4.3　设计程序,判断年份是否为闰年。

使用以下指令让 Copilot 给出代码。

```
//请设计一个程序,输入一个年份,判断它是否为闰年
```

下面是判断闰年的 Python 程序:

```
year = int(input("请输入一个年份: "))

if year % 4 == 0:
    if year % 100 == 0:
        if year % 400 == 0:
            print(f"{year}是闰年")
        else:
            print(f"{year}不是闰年")
    else:
        print(f"{year}是闰年")
else:
    print(f"{year}不是闰年")
```

这段代码包含一个选择结构,用于判断输入的年份是否是闰年。程序会提示用户输入一个年份,并判断是否是闰年,最后输出判断结果。

例 4.3 运用了嵌套 if-else 选择结构实现了一个简单的闰年判断功能。但在选择结果较多的情况下,常用多重选择结构,它相对于嵌套结构更易理解。以上代码运用多重选择结构实现了例 4.3 的功能。

```
year = int(input("请输入一个年份: "))

#判断年份是否为闰年
if year % 400 == 0:
    print(f"{year}是闰年。")
elif year % 100 == 0:
    print(f"{year}不是闰年。")
elif year % 4 == 0:
    print(f"{year}是闰年。")
else:
    print(f"{year}不是闰年。")
```

◆ 4.3　循环结构

循环是日常生活中的例行活动,每天的起床、吃饭和工作,这些活动都按照一定的顺序和规律重复进行,直到某种条件改变或特殊情况发生为止。在 Python 中,循环允许程序反复执行一段代码,直到满足条件或达到指定次数为止。

Python 中有 while 和 for 两种循环类型。

以下是两种循环结构的基本构成:

```
While 条件表达式:
    循环体
[else:
    else 子句代码块]
```

和

```
for 取值 in 序列或迭代对象:
    循环体
```

```
[else:
    else 子句代码块]
```

注意：while 和 for 语句也可以搭配 else 来使用。

4.3.1　for 循环

for 循环主要用于遍历序列（如列表、元组和字符串等）或迭代对象中的元素。for 循环的语法如下所示：

```
for 变量 in 序列或迭代对象:
    循环体
```

for 循环的特点是遍历序列或可迭代对象中的所有元素,同时适用于循环次数可以提前确定的情况,如枚举或遍历序列或迭代对象中元素的场合,如下所示：

```
for i in range(5):
    print(i)
```

for 语句会把 range()函数中的数依次传递到 i 中,如下所示：

```
#1 到 5 的所有数字:
for number in range(1, 6):
    print(number)
```

结果如下所示：

```
1
2
3
4
5
```

range 也可以是其他变量名,如下所示：

```
word = 'runoob'

for letter in word:
    print(letter)
```

for 语句会把 runoob 拆成单个字母并输出,如下所示：

```
r
u
n
o
o
b
```

4.3.2　while 循环

while 循环主要用于循环次数难以提前确定的情况,同时可以添加有限的逻辑表达式。while 循环的语法如下所示：

```
while 条件表达式：
    循环体
```

while 循环的特点是只要条件表达式成立,循环就会继续执行。条件表达式可以是计数器、用户输入等,如下所示：

```
i = 0
while i < 5 :
    print(i)
    i += 1
```

while 循环使用 else 语句,如下所示：

```
while <expr> :
    <statement(s)>
else :
    <additional_statement(s)>
```

若 expr 条件语句为 True,则执行 statement(s)语句块；如果为 False,则执行 additional_statement(s)。

下面是一个例子：

```
count = 0
while count < 5
    print(count,"小于 5")
    count += 1
else:
    print(count,"大于或等于 5")
```

输出结果如下所示：

```
0 小于 5
1 小于 5
2 小于 5
3 小于 5
4 小于 5
5 大于或等于 5
```

接下来通过几个例子来说明 for 循环和 while 循环的作用。

例 4.4　请使用 for 循环设计一个程序,计算 1～99 中有多少个偶数。

引导 Copilot 生成代码的指令如下：

```
//用 for 循环计算出 1~99 中偶数的个数。
```

代码如下所示：

```
#初始化偶数计数器
even_count = 0

#遍历 1~99 的每一个数
for i in range(1, 100):
    #判断这个数是否是偶数
    if i % 2 == 0:
```

```
    #如果是偶数,则偶数计数器加 1
    even_count += 1

#输出偶数的数量
print("1~99有", even_count, "个偶数。")
```

输出结果是 49。

例 **4.5** 《庄子》中说到"一尺之棰,日取其半,万世不竭"。有一根长度为 10 的木棍,从第一天开始,每天将这根木棍锯掉一半(每次除以 2,向下取整)。请问第几天的时候木棍的长度会变为 1?

代码如下所示:

```
    #示例长度
length = 10
days = 1

while length > 1:
    length = length //2
    days = days + 1

print(f"{length}的木棍会在第{days}天长度变为 1。")
```

可以更改 length 的值来计算不同长度的木棍在多少天后长度会变为 1。这段代码使用 while 循环来持续计算木棍的长度,直到它减少为 1。每次循环,木棍的长度都会被除以 2 (使用整数除法"//"),然后天数加 1。当木棍的长度减到 1 时,循环结束,并返回所需的天数。

◈ 4.4　break 关键字和 continue 关键字

如果需要跳出循环,可以使用 break 关键字终止循环。有别于 break 关键字,continue 关键字仅会跳出本轮循环,转而进入下一轮循环。

break 关键字的功能如图 4-6 所示。

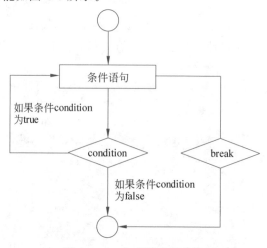

图 4-6　break 关键字的功能

continue 关键字的功能如图 4-7 所示。

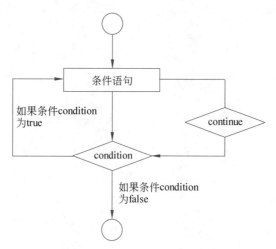

图 4-7　continue 关键字的功能

break 关键字的具体用法如下：

```
n = 5
while n > 0:
    n -= 1
    if n == 2:
        break
    print(n)
print('循环结束')
```

其输出结果如下所示：

```
4
3
循环结束
```

continue 关键字的具体用法如下：

```
n = 5
while n > 0:
    n -= 1
    if n == 2:
        continue
    print(n)
print('循环结束')
```

其输出结果如下所示：

```
4
3
1
0
循环结束
```

continue 关键字和 break 关键字结合使用的用法如下。

```
a = 0
for i in range(1,10):
    a += 1
    if a>4:
        break
print(a)
b = 0
for i in range(5,10):
    b += 1
    if b>3:
        continue
print(b)
```

其输出结果如下所示：

```
5
5
```

◆ 4.5 嵌　　套

想象每一块彩色玻璃都是独立的，各有其独特的颜色和纹理，然而当这些玻璃块被巧妙地镶嵌在一起时，它们便共同构成了一个完整的、美丽的图案。这种嵌套的方式将各自独立的元素融合在了一起，形成了更加复杂的整体。Python 中也有许许多多的嵌套结构。

嵌套指的是代码中同时有 if、while、for 等多种结构的相互嵌套。

例 4.6 请设计程序，制作一张九九乘法表。

引导 Copilot 生成代码的指令如下：

//请运用 Python 制作一张九九乘法表

代码如下所示，输出结果如图 4-8 所示。

```
for column in range(1, 10):
    for row in range(1, column + 1):
        print(f"{row}x{column}={row * column}", end=" ")
    #换行
    print()
```

```
1x1=1
1x2=2 2x2=4
1x3=3 2x3=6 3x3=9
1x4=4 2x4=8 3x4=12 4x4=16
1x5=5 2x5=10 3x5=15 4x5=20 5x5=25
1x6=6 2x6=12 3x6=18 4x6=24 5x6=30 6x6=36
1x7=7 2x7=14 3x7=21 4x7=28 5x7=35 6x7=42 7x7=49
1x8=8 2x8=16 3x8=24 4x8=32 5x8=40 6x8=48 7x8=56 8x8=64
1x9=9 2x9=18 3x9=27 4x9=36 5x9=45 6x9=54 7x9=63 8x9=72 9x9=81
```

图 4-8　例 4.6 输出结果

　　这段代码使用了两个嵌套的 for 循环。外层循环变量 i 从 1 到 9,内层循环变量 j 从 1 到 i。在内层循环中,使用字符串格式化(f-string)来生成乘法表的每个元素,并使用 "end=" ""参数使输出在同一行显示。当内层循环结束时,打印一个换行符,使得每一行的乘法结果分开显示。最后,在外层循环结束时打印一个空行,使得不同的乘法表行之间有所区分。

　　例 4.6 使用嵌套循环实现了九九乘法表的绘制,下面两个实例则运用了循环结构与选择结构的嵌套。

```
for letter in "Runoob":              #第一个实例
    if letter == "b":
        break
    print("当前字母为: ", letter)

var = 10                             #第二个实例
while var > 0:
    print("当前变量值为: ", var)
    var = var - 1
    if var == 5:
        break

print("Good bye!")
```

　　第一个实例中,for 循环遍历字符串"Runoob"中的每个字母。当循环变量 letter 等于"b"时,触发 break 关键字提前结束循环。

　　第二个实例是一个 while 循环,从变量 var 的初始值 10 开始,每次循环迭代都会减少 var 的值。当 var 减少到 5 时,触发 break 关键字提前结束循环。

　　下面是代码执行的具体步骤和输出:

```
第一个示例(for 循环):
当前字母为: R
当前字母为: u
当前字母为: n
当前字母为: o
当前字母为: o
当前字母为: b(这里 break 被触发,循环结束)
第二个示例(while 循环):
当前变量值为: 10
当前变量值为: 9
当前变量值为: 8
当前变量值为: 7
当前变量值为: 6
当前变量值为: 5(这里 break 被触发,循环结束)
输出:
Good bye!
```

　　注意:break 关键字用于提前终止循环,无论循环的其余部分是否还有未执行的迭代。在第一个示例中,由于'b'之后的字符没有被执行,所以'o'后面的第二个'o'没有打印出来。在第二个示例中，由于 var 等于 5 时循环被 break 关键字终止，所以 var 等于 4 的迭代没有被执行。

◆ 本 章 小 结

本章内容涉及许多关于程序控制语句的知识，以下是要点知识小结。

（1）布尔（boolean）类型是 Python 中的一种基本数据类型，它只有两个值 True（真）和 False（假），布尔类型常常用于条件判断和逻辑运算。

（2）if 用于判断条件是否满足并执行相应的代码块，elif 用于在 if 条件不满足时判断另一条件是否满足，else 用于在所有条件都不满足时执行相应的代码块。

（3）while 用于根据条件重复执行代码，直到条件不再满足；for 用于遍历序列或可迭代对象，对每个元素执行代码。

（4）break 关键字用于立即结束当前循环，跳出循环体。

（5）continue 关键字用于跳过当前循环的剩余部分，直接开始下一次循环。

◆ 本 章 习 题

一、选择题

1. 以下选项中最准确地描述了 Python 的顺序结构的是（　　）。

　　A. Python 的顺序结构允许代码在任何顺序下执行

　　B. Python 的顺序结构意味着代码必须从下到上执行

　　C. Python 的顺序结构意味着代码必须从上到下执行

　　D. Python 的顺序结构允许代码同时执行

2. 关于 Python，以下选项中正确的是（　　）。

　　A. 布尔类型只有一个值，即 True

　　B. 布尔类型的值可以是任何数字

　　C. 布尔类型有两个值，即 True 和 False

　　D. 布尔类型的值可以是任何字符串

3. Python 中正确的 if 语句的格式为（　　）。

　　A. if condition statement：　　　　　　B. statement if condition：

　　C. if statement：　　　　　　　　　　　D. if condition：

4. 在 Python 中，以下关于 while 的描述中正确的是（　　）。

　　A. while 循环后面必须跟一个 else 语句

　　B. while 循环可以没有 else 语句

　　C. while 循环的条件必须总是 True

　　D. while 循环的条件必须总是 False

5. 在 Python 中，以下关于 for 的描述中正确的是（　　）。

　　A. for 循环可以用来计算列表中所有元素的总和

　　B. for 循环可以用来遍历字典，但不能获取键值对

C. for 循环只能遍历数字范围,不能遍历字符串

D. for 循环在执行完所有迭代后,会自动打印出"循环结束"

二、判断题

1. 布尔类型有两个值,即 True 和 False。　　　　　　　　　　　(　　)

2. continue 关键字可以使程序跳出循环。　　　　　　　　　　　(　　)

3. for 循环可以遍历任何可迭代对象,包括列表、元组、字典、集合和字符串等对象。

　　　　　　　　　　　　　　　　　　　　　　　　　　　(　　)

4. if 语句只能与布尔值一起使用。　　　　　　　　　　　　　　(　　)

5. break 关键字可以使程序跳过循环的剩余部分,并立即开始下一次循环。　(　　)

三、编程题

1. 从键盘输入一个整数 2n,计算并输出 $1+2+\cdots+2n$ 的值。

2. 编写一个程序,创建两个变量 a 和 b,分别赋值为 True 和 False。然后,使用 if 语句检查 a 和 b 是否都为布尔类型。如果是,打印出"Both are boolean";如果不是,打印出"Not both are boolean"。

3. 编写一个程序,创建一个变量 count 并赋值为 0。然后,使用 while 循环使 count 的值增加,直到 count 的值等于 10。在每次迭代中,打印出 count 的当前值。

4. 找出 1～100 中所有的质数并输出。

5. 输入一个整数 n,计算并输出 n! 的值。

◆ 拓 展 阅 读

(一) 代码规范

在学习 Python 时,读者可能会疑惑为何变量的命名如此复杂,但在各类编程书籍以及教程中,代码规范都会被着重强调。对于 Python,PEP8 详细规定了设计 Python 程序需要遵循的各种规范,读者可以点击末尾的链接查看。

代码规范在实际项目开发过程中非常重要,它是编写高质量、可维护代码的重要保证。初学者的代码缺少规范,因此晦涩难懂,甚至一段时间以后难以理解自己所写的代码。此外,遵循良好的代码规范可以减少缺陷的出现,提高团队协作效率。具体的代码规范有以下几点。

一、命名规范

Python 代码中,不论是对象还是各种方法,命名都应具有描述性,能够清晰表达其用途。在实际开发中,常用骆驼峰命名法和下画线命名法为变量命名,并且遵循统一的命名风格。

二、注释

在实际程序开发过程中,注释内容虽然不参与程序执行,但其作用却是举足轻重的。编写清晰、有意义的注释可以很好地解释代码的目的、功能、输入、输出等重要信息,有助于程序员快速理解自己以及其他团队成员编写的代码。为了展现代码的专业性,注释应该简洁明了,不应重复描述代码本身已经清晰表达的内容。

三、代码缩进与对齐

使用缩进表示代码块的范围是 Python 的一大特性，通常以一个制表符的长度（4 个空格）区分不同的代码层次。而 C 语言则是以一对花括号表示一个代码块，程序编译过程对代码缩进的要求并不严格，但是合理的缩进可以使得代码更加具有层次感，增强其可读性。

（链接来源：https://pep8.org）

（二）算法

算法是解决特定问题或执行特定任务的一系列步骤或指令的有序集合。算法描述了解决问题的方法和步骤，通常包括输入、处理和输出三部分。算法的设计需要考虑到问题的特性、解决方案的效率以及实现的可行性。有关算法的历史演变和具体特征，读者可以点击下方链接进行阅读。

算法可以用自然语言、伪代码或特定编程语言来描述。好的算法应该具有清晰、明确、简洁和正确的特点，同时要尽可能地高效和可维护。算法的设计和实现是计算机科学和编程中的核心内容，它直接影响到程序的性能和功能。

算法的研究不仅局限于解决具体的问题，还涉及算法的分析、优化和应用等方面。算法的研究和应用可以帮助我们更好地理解和解决各种复杂的问题，提高程序的效率和性能。

（链接来源：https://baike.baidu.com/item/算法/209025）

Python 函数和模块

在 Python 编程中,函数和模块起着至关重要的作用。函数可以帮助我们组织代码,提高代码的可复用性,并使程序更易于维护;模块则允许我们将相关功能组织在一起,提供了封装性和命名空间的概念,有助于代码结构的清晰和模块化开发。本章将深入探讨 Python 函数的定义、参数传递、返回值以及模块的导入和使用方式,帮助读者更好地理解如何利用函数和模块来构建健壮的 Python 应用程序。

本章学习目标

一、知识目标

1. 理解 Python 函数的基本概念,包括函数的定义、调用和作用域。

2. 掌握参数和返回值的使用方法,以实现函数输入/输出的基本机制。

3. 学习不同类型的函数,包括内置函数、用户定义函数以及匿名函数(lambda 表达式)。

4. 了解递归函数的概念及其在解决问题中的应用。

二、技能目标

1. 能够熟练定义和调用函数,解决特定问题。

2. 能够使用参数、返回值和作用域,编写灵活且高效的代码。

3. 能够利用递归函数解决复杂问题,如数据结构的遍历和排序算法。

4. 能够阅读和理解他人编写的函数,以及在必要时对代码进行调试和优化。

三、情感态度与价值目标

1. 培养解决问题的积极态度,通过编写和调试函数来提升逻辑思维和分析能力。

2. 重视代码的可读性和可维护性,学习编写清晰、简洁和高效的函数。

3. 激发创新思维,鼓励学生尝试不同的方法去解决问题,以发现最优解。

4. 培养团队合作精神,通过小组项目和代码分享,学习如何在团队环境中共同解决问题。

◆ 5.1 函数的定义与使用

函数用模块化的思想来实现单一或相关联功能的代码段,模块化思想在人们的生活中是非常常见的,大到国家的治理,各个机构组织都有自己专门负责的领域,相互协调,共同配合,使一切井然有序地运行;小到整理自己的桌面,将不同的东西分门别类地放置;这是一种高效的思想。

在 Python 中,定义函数的基础格式如下所示:

```
def my_function():
    """
    This is a docstring that provides a brief description of the function.
    It explains what the function does,
    what arguments it takes (if any), and what it returns (if any).
    """

    #Function code goes here
    pass
```

- **def**:这个关键字告诉 Python 要定义一个函数。
- **my_function**:这是编程者要创建的函数的名称,在调用函数时使用。
- **函数的文档字符串**:这是一个可选的字符串,用于介绍函数的注释或文档字符串。
- **函数体**:指从函数内部执行的一系列 Python 语句。
- **pass**:占位符,表示函数体中至少有一个语句;在实际开发中,可能需要在这里添加实际的代码。

例 5.1　有一台机器人,它专门负责每天给大家送上美好的问候。请写一个函数,每天通过调用这个简单的函数享受机器人的温馨问候。

为实现上述问题,可以使用 Copilot 来编写相关代码,使用以下指令让 Copilot 来实现"机器人问候"函数的代码。

//编写一个函数,可以每天通过调用这个简单的函数享受机器人的问候

引导 Copilot 生成的代码如下所示:

```
import datetime
def greet():
    current_time = datetime.datetime.now()
    if current_time.hour<12:                    #如果当前时间小于 12 点
        print("早上好! 祝您有个美好的一天!")      #打印早上好的问候语
    elif current_time.hour< 18:                 #如果当前时间小于 18 点
        print("下午好! 祝您度过愉快的时光!")      #打印下午好的问候语
    else:
        print("晚上好! 祝您有个宁静的夜晚!")      #打印晚上好的问候语
#调用函数
greet()
```

例 5.1 通过 def 关键字定义了一个名为 greet 的函数,用于根据当前时间向用户发送问候。在函数内部,首先使用 datetime.datetime.now()函数获取当前的日期和时间,并将其赋值给 current_time。然后,根据 current_time 的小时数(通过 current_time.hour 获取)来判断当前是早上、下午还是晚上,并打印出相应的问候语。

如果当前的小时数小于 12,那么就打印"早上好!祝您有个美好的一天!";如果当前的小时数小于 18,那么就打印"下午好!祝您度过愉快的时光!";否则打印"晚上好!祝您有个宁静的夜晚!"。在代码的最后,调用 greet()函数执行其内部的代码,也就是打印出根据当前时间选择的问候语。

◇ 5.2　函数的参数传递

函数定义处的参数称为形式参数,函数调用处的参数称为实际参数。Python 中的函数可以接收不同类型的参数,包括位置参数、关键字参数、默认值参数和可变参数。下面介绍这些不同类型的参数传递方式。

5.2.1　位置参数

位置参数是最常用的参数传递方式,它要求调用函数时参数的顺序和定义函数时的参数列表顺序相匹配。类似给朋友传递一串糖果,位置参数的顺序是关键,如下所示:

```python
def greet(name,greeting):            #所有的形参都是位置参数
    print(greeting,name)
#使用位置参数调用函数
greet("Python","Hello")
greet("Python","Hello","Good morning")  #位置参数的个数必须和形参的个数一致
```

在上述代码中,name 和 greeting 就是位置参数,需要按照它们在函数中的位置依次传递值。

5.2.2　关键字参数

与位置参数不同,关键字参数允许在调用函数时通过参数名来指定参数值,传递的参数顺序可以与定义时的参数顺序不同,好比在给朋友送礼物时在包装上写上"送给"和祝福语,不再依赖礼物的位置。这种形式的参数传递使得函数调用更加清晰易懂,如下所示:

```python
def greet(name, greeting):           #定义函数
    print(greeting, name)            #打印问候语
#使用关键字参数调用函数
greet(greeting="Hi", name="wang" )
```

5.2.3　默认值参数

在 Python 中,可以在函数定义中为参数提供默认值。当在函数调用中没有为参数提供值时,该参数将使用其默认值,这可以避免在函数调用中总是需要提供所有参数,如下所示:

```python
def greet(name,greeting="Hello"):     #greeting 是默认值参数
    print(greeting,name)
    #使用默认值参数调用函数
greet( "wang")
```

5.2.4　可变参数

在 Python 中,可变参数在函数定义中使用星号(*)或双星号(**)来传递多个参数。这允许在调用函数时传递任意数量的参数,可变参数允许函数接收不定数量的参数,使得函

数更加灵活。

星号(＊)用于传递非关键字的可变参数列表：当使用星号作为参数时，所有位置参数都会被收集到一个元组中，如下所示：

```
def my_function(＊args):        ＃＊args 表示可变数量的参数
    """
    接收可变数量的参数并打印它们
    """
    for arg in args:
        print(arg)
＃调用函数
my_function(1, 2, 3)            ＃输出：1 2 3
my_function('a', 'b', 'c')     ＃输出：a b c
```

双星号(＊＊)用于传递关键字的可变参数字典：当使用双星号作为参数时，所有关键字参数都会被收集到一个字典中，如下所示：

```
def my_function(＊＊kwargs):               ＃＊＊kwargs 表示可变数量的关键字参数
    """
    接收关键字参数并打印它们
    """
    for key, value in kwargs.items():    ＃items()返回一个包含关键字参数的元组列表
        print(key, value)
＃调用函数
my_function(name="Alice", age=25, city="New York")
＃输出：name Alice age 25 city New York
```

上述代码定义了一个名为 my_function 的函数，它接收任意数量的关键字参数（通过＊＊kwargs 表示）。在函数内部，使用 for 循环遍历这些关键字参数，并打印出每个参数的键和值。在代码的最后，调用了 my_function()函数，并传入了 3 个关键字参数：name、age 和 city。函数将打印出这些参数的键和值。

◈ 5.3 函数的返回值

在 Python 中，函数可以返回一个值，这个返回的值可以通过 return 语句来指定。当函数执行完毕时，return 语句会返回一个值，这个值会作为函数的结果。如果函数没有 return 语句，或者 return 语句没有赋值，那么函数将返回 None。

例 5.2 有一台可以制作冰淇淋的神奇机器。该机器有一个按钮，按下按钮就能制作出不同口味的冰淇淋。这个按钮类似一个"制作冰淇淋"函数，接收想要的口味，然后产生对应的冰淇淋。

我们可以使用以下指令让 Copilot 实现"制作冰淇淋"函数的代码。

//实现一个函数，机器有一个按钮，按下按钮就能制作出不同口味的冰淇淋，接收想要的口味，然后产生对应的冰淇淋

Copilot 生成的代码如图 5-1 所示。

```
def make_ice_cream(flavor):
    ice_cream_recipes = {
        "巧克力": "巧克力冰淇淋配方",
        "草莓": "草莓冰淇淋配方",
        "香草": "香草冰淇淋配方",
        # 添加更多口味和对应的配方
    }

    if flavor in ice_cream_recipes:
        recipe = ice_cream_recipes[flavor]
        print(f"制作{flavor}口味的冰淇淋: {recipe}")
    else:
        print(f"对不起，暂时没有{flavor}口味的冰淇淋配方。")

# 测试
make_ice_cream("巧克力")
make_ice_cream("草莓")
make_ice_cream("抹茶")
```

图 5-1　"制作冰淇淋"函数

输出结果如下：

```
制作巧克力口味的冰淇淋：巧克力冰淇淋配方
制作草莓口味的冰淇淋：草莓冰淇淋配方
对不起，暂时没有抹茶口味的冰淇淋配方
```

例 5.2 定义了一个名为 make_ice_cream 的函数，该函数接收一个参数 flavor，表示冰淇淋的口味。函数内部首先定义了一个字典 ice_cream_recipes，字典的键是冰淇淋的口味，值是对应口味的冰淇淋配方。然后，函数检查传入的口味 flavor 是否在 ice_cream_recipes 字典中。如果在，那么获取对应的冰淇淋配方，打印出一条消息，表示正在制作该口味的冰淇淋；如果不在，那么打印出一条消息，表示暂时没有该口味的冰淇淋配方。

在代码的最后，调用了 make_ice_cream 函数，并传入了"巧克力""草莓""抹茶"作为参数，所以函数将分别打印出制作这三种口味冰淇淋的消息。对于"巧克力"和"草莓"，因为字典中有对应的配方，所以会打印出制作的消息；对于"抹茶"，因为字典中没有对应的配方，所以会打印出没有配方的消息。

5.4　变量作用域

变量作用域是指一个变量在程序中的可见性和有效性。在不同的上下文环境中，变量可能具有不同的作用域。在 Python 中，根据范围作用的大小分为局部变量和全局变量，函数作用域决定了变量的可见性和访问权限。类比社会组织，函数可以看作一个小型的组织，而作用域则是这个组织的界限。

5.4.1　局部变量的定义和使用

局部变量是在函数内部定义的变量，其作用范围仅限于函数体内。这就好比在一个小房间里存放的物品，只有在这个房间里才能直接访问和使用。函数执行结束，局部变量的生命周期也结束。

定义局部变量：局部变量的定义非常简单，只需要在函数内部使用等号(＝)进行赋值即可，如下所示：

```
def function():
#定义局部变量
    local_variable = "l am a local variable"
    print(local_variable)
#调用函数
function()
```

在上述示例中，local_variable 就是一个局部变量，它只能在 function 函数内部被直接访问。

局部变量的作用范围从变量定义的地方开始，直到函数结束。一旦函数执行完毕，局部变量就会被销毁，无法在函数外部直接访问，如下所示：

```
def function():
    #定义局部变量
    local_variable = "I am a local variable"
    print(local_variable)
#调用函数
function()
print(local_variable)        #报错，因为局部变量只能在函数内部使用
```

5.4.2　全局变量的定义和使用

全局变量是在整个程序中都可以访问的变量，其作用范围不仅限于单个函数，而是覆盖了整个代码。这就好比是在城市中建立的一个标志性建筑物，任何人都可以看到并使用它。

定义全局变量：全局变量通常在函数外部或模块级别进行定义，这使得全局变量在整个程序中都能被访问和修改，如下所示：

```
#定义全局变量
global_variable = "I am a global variable"
def function_using_global_variable():
    #在函数内部使用全局变量
    print(global_variable)
#调用函数
function_using_global_variable()
#输出: I am a global variable
```

在上述示例中，定义了一个全局变量 global_variable，并赋值为"I am a global variable"。全局变量是在函数外部定义的变量，可以在程序的任何地方使用。然后，定义了一个名为 function_using_global_variable 的函数。在这个函数内部，使用 print 语句打印出全局变量 global_variable 的值。

需要注意的是，全局变量的使用应谨慎，因为它们可以被程序中的任何地方修改，可能导致不可预测的行为。应避免在函数内部直接修改全局变量，除非有充分的理由。更好的做法是通过函数的参数和返回值来传递和获取信息。

当我们谈论"变量作用域"时，实际上是在谈论 Python 如何在不同的上下文中确定变量之间的关系和可见性。理解 Python 的作用域规则对于编写正确和可读的代码是非常重要的。

例 5.3 有一顶魔法帽子,里面有不同颜色的球。每个人都可以从帽子里抽一个球,每抽一次便输出对应的颜色,帽子里的球相应地减少。

我们可以使用以下指令让 Copilot 实现这个例题的代码。

#有一顶魔法帽子,里面有不同颜色的球,每个人都可以从帽子里抽一个球。使用 Python 中的函数模拟这个过程,通过全局变量和局部变量实现这个函数

Copilot 生成的代码如图 5-2 所示。

```python
import random
# 全局变量, 表示帽子里的球
hat = ['红色', '蓝色', '绿色', '黄色']

def draw_ball():
    ball = random.choice(hat)  # 局部变量, 表示抽到的球
    hat.remove(ball)  # 从帽子里移除抽到的球
    return ball

# 测试函数
for _ in range(4):
    print(draw_ball())
```

图 5-2 "魔法帽子"函数

输出结果如下:

```
蓝色
红色
绿色
黄色
```

例 5.3 定义了一个名为 draw_ball 的函数,用于从全局变量 hat 中随机抽取一个球,并将其从 hat 中移除。在函数内部,首先使用 random.choice(hat)随机选择 hat 中的一个元素,将其赋值给局部变量 ball。这里的 random.choice 是 Python 的 random 模块提供的一个函数,用于从列表中随机选择一个元素。然后,使用 hat.remove(ball)将抽取到的球从 hat 中移除。这里的 remove 是 Python 列表的一个方法,用于移除列表中的一个元素。最后,函数返回抽取到的球。

这个函数可以用于模拟从一个装有不同颜色的球的帽子中随机抽球的过程。在每次抽球后,被抽到的球都会从帽子中移除,所以每次抽球的结果都会影响后续的抽球结果。

◆ 5.5 匿名函数 lambda

匿名函数又称为 lambda 函数,是一种没有具体名称的小型、临时性的函数,通常用于需要一个简单函数的场景,而不必显式地定义一个完整的函数。匿名函数通常只有一行,语法简洁,适用于简单的操作。

匿名函数的定义:使用 lambda 关键字可以创建匿名函数,语法如下所示:

```python
#格式: lambda 参数列表: 表达式
add = lambda x, y: x + y
```

在上述代码中，"lambda x，y：x＋y"就是一个匿名函数，它接收两个参数 x 和 y，并返回它们的和。

匿名函数是 Python 编程中的一把利器，善用它可以使代码更加简洁、灵活。通过灵活应用匿名函数，读者可以在不增加过多函数定义的情况下完成许多任务。

例5.4 在一个奇妙的餐馆中，顾客可以通过匿名点餐的方式来定制不同的菜品。我们可以使用匿名函数来创建特殊的点餐规则。

引导 Copilot 生成代码的指令如下：

> //通过匿名点餐的方式来定制不同的菜品，创建特殊的点餐规则

Copilot 生成的代码如图 5-3 所示。

```python
# 匿名函数 - 定制点餐规则
customize_order = lambda dish, customization: f"{dish} ({customization})"

def place_order(dish, customization_function):
    # 调用匿名函数
    customized_dish = customization_function(dish)
    print(f"点餐成功: {customized_dish}")

# 定制点餐规则
spicy_order = lambda dish: customize_order(dish, "辣味")
vegan_order = lambda dish: customize_order(dish, "素食")

# 点餐
place_order("牛肉面", spicy_order)
place_order("披萨", vegan_order)
```

图 5-3 定制点餐规则

输出结果如下：

> 点餐成功：牛肉面(辣味)
> 点餐成功：比萨(素食)

在例 5.4 中，customize_order 是一个匿名函数，接收两个参数 dish（菜品）和customization（定制要求），返回一个带有定制信息的字符串。spicy_order 和 vegan_order 是两个匿名函数，分别用于为菜品添加辣味和标记为素食。place_order 函数接收菜品名称和一个定制函数作为参数，调用匿名函数，生成定制后的菜品信息，并打印出点餐成功的信息。

◈ 5.6 递归函数

递归函数是一种在函数内部调用自身的函数，它通过不断地调用自身来解决问题，是一种强有力的编程技巧，能够简化复杂问题的解决过程。在现实生活中，我们也应该如此，当我们遇到困难挫折时，首先要做的是挖掘自己的潜力（递归函数调用自己），向内寻求力量，先尽全力解决问题，实在解决不了时再向他人寻求帮助，而不是一碰到困难挫折就向他人寻求帮助。只有不断地挖掘自身潜力，才能不断提高自己，使自己变得越来越强大。

5.6.1 递归函数的定义与调用

递归函数的基本原理是将一个大问题划分为一个或多个相同或相似的小问题来解决，

并将解决小问题的过程自动化。递归函数通常包含两部分：基本情况和递归步骤。

- **基本情况**（终止条件）：定义一个或多个基本情况，当满足基本情况时，不再调用自身，直接返回结果。
- **递归调用**：在函数内部调用自身，将原问题转化为更小的子问题，并通过递归调用解决子问题。

递归函数的定义必须有终止条件（基本情况），确保递归能在某个条件下停下来，避免陷入无限循环，下面通过斐波那契数列来实现递归函数的定义。

例 5.5　斐波那契数列的递归函数定义。

引导 Copilot 生成代码的指令如下：

```
//斐波那契数列
```

引导 Copilot 生成的代码如图 5-4 所示。

```python
def fibonacci(n):
    if n <= 0:
        return []
    elif n == 1:
        return [0]
    elif n == 2:
        return [0, 1]
    else:
        fib = [0, 1]
        for i in range(2, n):
            fib.append(fib[i-1] + fib[i-2])
        return fib

n = int(input("请输入斐波那契数列的长度："))
fib_seq = fibonacci(n)
print(fib_seq)
```

图 5-4　斐波那契数列

当输入长度为 10 时，输出结果如下：

```
[0,1,1,2,3,5,8,13,21,34]
```

例 5.5 定义了一个名为 fibonacci 的递归函数，用于生成斐波那契数列。这个函数接收一个参数 n，表示要生成的斐波那契数列的长度。在函数内部，首先定义了递归的终止条件：如果 n 小于或等于 0，则返回空列表；如果 n 等于 1，则返回包含一个元素 0 的列表；如果 n 等于 2，则返回包含两个元素（0 和 1）的列表。

如果 n 大于 2，则函数将调用自身，传入的参数是 n−1，也就是生成长度为 n−1 的斐波那契数列。然后，计算斐波那契数列的下一个数（数列中最后两个数的和），并将其添加到数列的末尾。最后，返回生成的斐波那契数列。在代码的最后，调用了 fibonacci 函数，传入的参数是 10，所以函数将生成长度为 10 的斐波那契数列，并将其打印出来。

5.6.2　递归函数的应用与注意事项

递归函数在问题分解方面具有强大的应用能力。通过将一个大问题划分为更小、相似的子问题，递归函数可以更容易地解决复杂的任务。

- **数据结构操作**：递归常用于对树、图等数据结构进行操作。例如，在树的遍历、搜索或构建过程中，递归可以提供一种简洁而有效的方法。
- **编程语言解释器实现**：递归也是一些编程语言解释器实现的基本原理之一，例如函数调用栈就是通过递归的方式来管理的。
- **数学计算**：数学中的一些问题，如计算阶乘、斐波那契数列等，天然地适合使用递归来表达和解决。
- **分治算法**：递归函数可以用于分治算法的实现，如归并排序和快速排序等。

尽管递归函数非常强大，但也需要注意一些事项。

- **基本情况**：递归函数必须包含一个或多个基本情况，否则函数将无限循环并导致堆栈溢出。
- **递归深度**：递归函数的递归深度越大，函数调用栈的大小也会越大。如果递归深度过大，可能会导致堆栈溢出。在使用递归函数时，需要评估问题的大小和系统的限制。
- **性能问题**：递归函数可能在某些情况下比迭代循环慢，因为每次递归调用都会有额外的开销。在解决问题之前，需要评估性能要求，并根据实际情况考虑使用递归或迭代。
- **空间复杂度**：递归函数的空间复杂度可能比较高，因为每次递归调用都会在堆栈中保存一些信息。如果问题的规模较大，递归函数可能需要大量的内存空间。
- **代码可读性**：递归函数可以提供一种简洁的解决方案，但有时可能更难理解和调试。在编写递归函数时，应确保代码易于理解和维护。

◆ 5.7　常见的内置函数

在 Python 中，内置函数是由解释器提供的、可供开发者直接使用的函数。这些函数构成了 Python 的核心库，涵盖各种功能，包括基本的数学运算到高级的数据结构操作。

5.7.1　数据类型转换函数

数据类型转换是 Python 中常用的操作之一，可以将一个数据类型转换为另一种数据类型。Python 内置了多个数据类型转换函数，如表 5-1 所示。

表 5-1　常见数据类型转换函数

函 数 名 称	描 述 说 明	函 数 名 称	描 述 说 明
int(x)	将 x 转换为整数类型	list(x)	将 x 转换为列表类型
float(x)	将 x 转换为浮点数类型	tuple(x)	将 x 转换为元组类型
str(x)	将 x 转换为字符串类型	set(x)	将 x 转换为集合类型
bool(x)	将 x 转换为布尔类型		

下面逐个介绍这些函数的用法和示例。

引导 Copilot 生成的代码如下所示：

```
def convert_data_types(x):
    """
    Convert the input value to different built-in data types.
    """
    int_value = int(x)          #将输入值转换为整数
    float_value = float(x)      #将输入值转换为浮点数
    str_value = str(x)          #将输入值转换为字符串
    bool_value = bool(x)        #将输入值转换为布尔值
    list_value = list(x)        #将输入值转换为列表
    tuple_value = tuple(x)      #将输入值转换为元组
    set_value = set(x)          #将输入值转换为集合
    return int_value,float_value,str_value,bool_value,list_value,
tuple_value,set_value
#示例用法
input_value = "123"
result = convert_data_types(input_value)
print(result)
```

执行上述代码，输出结果如下：

```
(123,123.0,'123',True,['1','2','3'],('1','2','3'),{'1','2','3'})
```

数据类型转换函数提供了便捷的方法，能够在不同的数据类型之间进行转换。在实际应用中，根据不同的需求选用合适的转换函数，能够更好地处理数据类型的转换和操作。

5.7.2　常用的数学函数

Python 内置了许多常用的数学函数，这些函数可以用于处理数值数据，进行数学运算和数据处理。这些函数可以大大简化数学计算的实现，提高编码效率，如表 5-2 所示。

表 5-2　常用的数学函数

函 数 名 称	描 述 说 明	函 数 名 称	描 述 说 明
abs(x)	返回 x 的绝对值	min(x1,x2,…)	返回一组数中的最小值
pow(x,y)	返回 x 的 y 次方	sum(iterable)	返回可迭代对象中数值的总和
round(x,n)	返回 x 四舍五入到 n 位小数	divmod(x,y)	返回 x 除以 y 的商和余数
max(x1,x2,…)	返回一组数中的最大值		

下面逐个介绍这些函数的用法和示例。

引导 Copilot 生成的代码如下所示：

```
x = -5
y = 3
#计算 x 的绝对值
print(f"abs({x}) = {abs(x)}")
#计算 x 的 y 次方
print(f"pow({x}, {y}) = {pow(x, y)}")
#将 x 四舍五入到小数点后两位
print(f"round({x}, 2) = {round(x, 2)}")
```

```
#返回 x 和 y 中的最大值
print(f"max({x}, {y}) = {max(x, y)}")
#返回 x 和 y 中的最小值
print(f"min({x}, {y}) = {min(x, y)}")
numbers = [1, 2, 3, 4, 5]
#计算 numbers 列表中所有元素的和
print(f"sum({numbers}) = {sum(numbers)}")
#返回 x 除以 y 的商和余数
print(f"divmod({x}, {y}) = {divmod(x, y)}")
```

执行上述代码，输出结果如下：

```
abs(-5) = 5
pow(-5, 3) = -125
round(-5, 2) = -5
max(-5, 3) = 3
min(-5, 3) = -5
sum([1, 2, 3, 4, 5]) = 15
divmod(-5, 3) = (-2, 1)
```

Python 内置的数学函数提供了对数值数据进行常见数学运算和处理的方法。通过合理应用这些函数，可以简化数学计算的编写过程，提高编程效率。根据具体需求，选择合适的数学函数可以使代码更简洁清晰。

5.7.3　迭代器操作函数

在 Python 中，有一些内置函数专门用于操作迭代器。迭代器是一种用于访问集合元素的对象，可以逐个返回集合中的元素。使用迭代器操作函数可以方便地对迭代器对象进行操作和处理。这些函数能够对序列进行遍历、筛选和转换，提供了方便而强大的工具，如表 5-3 所示。

表 5-3　迭代器操作函数

函 数 名 称	描 述 说 明
iter(iterable)	返回一个迭代器对象
next(iterator[,default])	返回迭代器的下一个元素
enumerate(iterable,start=0)	返回一个包含索引和元素的迭代器
zip(* iterables)	将多个迭代器中的元素组合成一个元组
filter(function,iterable)	根据条件过滤迭代器中的元素
map(function,iterable1[,iterable2,...])	对迭代器中的每个元素应用函数

下面逐个介绍这些函数的用法和示例。

引导 Copilot 生成的代码如下所示：

```
#使用迭代器操作函数
numbers = [1, 2, 3, 4, 5]
iterator = iter(numbers)
```

```
print("迭代器的下一个元素: ", next(iterator))
print("迭代器的下一个元素: ", next(iterator))
print("迭代器的下一个元素: ", next(iterator))
fruits = ['apple', 'banana', 'orange']
for index, fruit in enumerate(fruits, start=1):
    print(f"水果{index}:{fruit}")
names = ['Alice', 'Bob', 'Charlie']
ages = [25, 30, 35]
for name, age in zip(names, ages):
    print(f"姓名: {name},年龄: {age}")
def is_even(num):
    return num % 2 == 0
even_numbers = filter(is_even, numbers)
print("过滤后的偶数: ", list(even_numbers))
def square(num):
    return num ** 2
squared_numbers = map(square, numbers)
print("每个数的平方: ", list(squared_numbers))
```

执行上述代码,输出结果如下:

```
迭代器的下一个元素: 1
迭代器的下一个元素: 2
迭代器的下一个元素: 3
水果 1:apple
水果 2:banana
水果 3:orange
姓名: Alice,年龄: 25
姓名: Bob,年龄: 30
姓名: Charlie,年龄: 35
过滤后的偶数: [2, 4]
每个数的平方: [1, 4, 9, 16, 25]
```

　　以上是一些常用的迭代器操作函数。这些函数提供了对迭代器进行灵活操作的手段,使得处理序列数据变得更加方便和高效。在实际应用中,根据具体的需求选择适当的函数能够提高代码的可读性和效率。

5.7.4　其他函数

　　除了数学函数和迭代器操作等函数之外,Python 还提供了许多其他常用的内置函数,用于处理字符串、逻辑判断、类型判断等,如表 5-4 所示。

表 5-4　其他函数

函 数 名 称	描 述 说 明
format(value,format_spec)	将 value 以 format_spec 格式进行显示
len(s)	获取 s 的长度或 s 元素的个数
id(obj)	获取对象的内存地址
type(x)	获取 x 的数据类型
eval(s)	执行 s 这个字符串所表示的 Python 代码

下面逐个介绍这些函数的用法和示例。

引导 Copilot 生成的代码如下所示：

```python
#使用内置函数
value = 3.14159
format_spec = ".2f"
formatted_value = format(value, format_spec)    #格式化值
print(f"格式化后的值：{formatted_value}")
string = "Hello, World!"
length = len(string)                            #获取字符串的长度
print(f"字符串的长度：{length}")
obj = [1, 2, 3]
obj_id = id(obj)                                #获取对象的唯一标识符
print(f"对象的唯一标识符：{obj_id}")
x = 10
x_type = type(x)                                #获取对象的类型
print(f"对象的类型：{x_type}")
expression = "2 + 3 * 4"
result = eval(expression)                       #对表达式进行求值
print(f"表达式求值的结果：{result}")
```

执行上述代码,输出结果如下：

```
格式化后的值：3.14
字符串的长度：13
对象的唯一标识符：2448061159680
对象的类型：<class 'int'>
表达式求值的结果：14
```

◆ 5.8 Python 模块

在 Python 中,模块是一个包含 Python 定义和语句的文件。文件名就是模块名加上 py 的扩展名。模块可以包含函数、类和变量的定义,以便在其他程序中重复使用。P 模块是一种组织和重用代码的方法,它将相关的函数、类和变量封装在一个单独的文件中。模块提供了更好的代码复用性和可维护性,并且可以在不同的 Python 程序中使用。

5.8.1 创建模块

如果要创建一个 Python 模块,只需要将相关的代码保存在一个以 py 为扩展名的文件中即可。下面是一个简单的模块示例：

```python
#mymodule.py
def say_hello():
    print("Hello, world!")
def add_numbers(a, b):
    return a + b
```

在上面的示例中,mymodule.py 是一个模块文件,其中包含两个函数：say_hello()和 add_numbers(a,b)。

5.8.2　导入模块

要在 Python 程序中使用一个模块，需要先导入它。可以使用 import 语句导入一个模块。例如，要使用 mymodule 模块中的函数，以下代码是如何使用上面创建的模块的示例：

```
import mymodule
mymodule.say_hello()
result = mymodule.add_numbers(5, 3)
print(result)
```

如果只想使用模块中的某个函数，而不是整个模块，可以使用 from 关键字导入特定的函数。例如，要导入 mymodule 模块中的 say_hello()函数，可以这样导入：

```
from mymodule import say_hello
say_hello()
```

5.8.3　内置模块

Python 提供了许多内置模块，可以直接使用。这些内置模块包含很多有用的功能，例如 math、random 和 os 等。要使用内置模块，只需要按照相应的语法导入即可。例如，使用 math 模块中的 sqrt()函数的代码如下：

```
import math
result = math.sqrt(16)
print(result)
```

5.8.4　模块的特殊变量

每个模块在被导入时，都有一些特殊的变量可用。其中，最常用的是__name__变量。当一个模块被直接运行时，__name__的值为__main__;当一个模块被导入时，__name__的值为模块的名称，这使得我们可以编写既可作为模块导入又可作为独立程序运行的代码。

```
#mymodule.py
def greet(name):
    return "Hello, " + name


if __name__ == "__main__":
    print(greet("Bob")) print(result)
```

通过这种方式，当 mymodule.py 被直接运行时，会执行"print(greet("Bob"))"这行代码，但当 mymodule.py 被导入时，这行代码不会被执行。

◆ 本 章 小 结

本章介绍了 Python 中函数的相关概念与使用。

（1）函数是一种可重复使用的代码块，它接收输入参数并可以返回一个结果。函数使用函数名称进行封装，通过函数名称进行调用。

（2）函数的定义包括函数名、参数列表、函数体和返回值。

（3）函数定义处的参数称为形式参数，形式参数包括位置参数、关键字参数、默认值参数、可变参数。函数调用处的参数称为实际参数，在进行参数传递时，可以使用关键字参数或位置参数传参。

（4）函数的返回值可以通过 return 语句来指定，如果函数没有 return 语句，或者 return 语句没有赋值，那么函数将返回 None。

（5）按照变量的作用域可分为局部变量和全局变量。

（6）匿名函数使用 lambda 关键字定义，没有函数名。

（7）递归函数由递归调用和递归终止条件组成，递归函数是一个函数直接或间接地调用自身的函数。

（8）常用的内置函数包括数据类型转换函数、数学函数、迭代器操作函数和其他函数。

（9）模块将相关的函数、类和变量封装在一个单独的文件中，以便在其他程序中重复使用。

◇ 本 章 习 题

一、填空题

1. 函数定义使用关键字_____。

2. Python 内置函数 abs()的作用是返回一个数的_____。

3. len("Python")的返回值是_____。

4. 用 print()函数将多个字符串'Hello'、'Pyt'、'hon'一起输出，语句为_____。

5. 表达式 set([1,1,2,3])的值为_____。

二、选择题

1. 以下不是函数的主要作用的是（　　）。

    A. 提高代码的可读性　　　　　　　　　B. 提高代码的可维护性

    C. 提高代码的执行效率　　　　　　　　D. 提高代码的重用性

2. 下面的参数传递方式中允许传递任意数量的参数的是（　　）。

    A. 位置参数　　　　　　　　　　　　　B. 关键字参数

    C. 默认参数　　　　　　　　　　　　　D. 可变参数

3. 以下关于全局变量和局部变量描述中错误的是（　　）。

    A. 全局变量和局部变量的名称不能相同

    B. 全局变量一般没有缩进

    C. 局部变量在生命周期结束后立即释放

    D. 要想使用局部变量成为全局变量，可以使用关键字 global

4. 以下代码的运行结果是（　　）。

```
def fun(a=2):
    return a+1
print(fun(fun(fun())))
```

    A. 2　　　　　　　　B. 3　　　　　　　　C. 4　　　　　　　　D. 5

5. 递归的关键特征是（　　）。

　　A. 循环　　　　　　　　　　　　　　B. 函数调用自身

　　C. 条件语句　　　　　　　　　　　　D. 列表操作

三、编程题

1. 编写一个函数,接收一个正整数 n,返回从 1 到 n 的平方和。

2. 编写一个函数,接收一个字符串作为参数,返回该字符串的反转。例如:输入 "hello",返回"olleh"。

3. 编写一个函数,接收一个正整数 num,如果 num 是质数,返回 True,否则返回 False。

4. 编写一个函数,接收一个列表作为参数,返回列表中所有偶数的平均值。

5. 编写一个递归函数,计算 n 的阶乘,注意处理 n 为负数和零的情况。

6. 编写一个函数,接收两个列表,返回它们的交集。

7. 已知华氏温度转换为摄氏温度的计算公式:$C＝5×(F－32)/9$。其中,C 表示摄氏温度,F 表示华氏温度。编写函数 F2C(f)将华氏温度转换为摄氏温度,读入两个华氏温度值 f1 和 f2,打印范围在 f1～f2 内,每次增加两个华氏温度刻度的速查表。

8. 编写一个函数,接收用户的生日作为参数,然后计算并返回距离下一个生日的天数。可以使用 Python 的 datetime 模块来处理日期。

9. 编写一个函数,接收一个包含商品及其价格的字典作为参数,然后计算并返回购物清单的总价。

10. 编写一个函数,接收一个密码作为参数,并根据一定的规则检查密码强度。密码强度规则可以包括长度以及是否包含大写字母、小写字母、数字和特殊字符等。

◆ 拓 展 阅 读

　　Fluent Python 一书对函数和模块的使用提供了高效的指导和最佳实践。通过分析 Python 的函数定义、参数传递、模块组织和导入机制,揭示了编写高质量 Python 代码的技巧。而 *Python Cookbook* 则提供了大量实用的示例,展示了函数和模块在解决具体问题时的强大能力。尽管这些著作中的术语和解释方式可能有所不同,但它们都强调了 Python 编程中函数和模块的核心地位。维基百科将模块定义为"支持代码复用的一种方式",正好符合本章内容的核心理念。本书采用"函数和模块"这一说法,旨在强调通过组织代码以增强可读性、可维护性和复用性的重要性,正如 Python 官方文档中对这些概念的详尽讨论所体现的那样。

　　在 Python 中,装饰器是一种非常有力的工具,它允许程序员在不修改原有函数定义的情况下增加额外的功能。想象一下,有一个函数,它执行了一些任务。现在,如果我们想要增加一些新的行为,例如日志记录、性能测试或者权限校验,最直接的方法可能是修改这个函数。但这样做有两个问题:一是违反了开闭原则(对扩展开放,对修改封闭),二是如果这样的需求在很多函数中都存在,就会产生大量的重复代码。

　　装饰器的出现优雅地解决了这个问题。通过简单地在函数上方添加一个"@装饰器名",就能够给函数动态地添加额外的功能。这背后的原理是高阶函数和函数闭包。装饰器本身是一个函数,它接收一个函数作为参数,并返回一个新的函数。新的函数在原有函数功能的基础上增加了一些额外的操作。

装饰器的应用非常广泛,从 Web 开发中的路由管理、权限校验到日志记录、缓存、性能测试等,都可以看到装饰器的身影,它让代码更加简洁,更具有可读性,同时提高了代码的复用性和维护性。

在 Python 编程中还有一个隐藏宝石,那就是"闭包"。闭包在 Python 中是一个引人入胜的概念,它不仅揭示了函数式编程的魅力,还展现了 Python 语言的灵活性和强大功能。闭包的本质是一个函数,这个函数记住了它被创建时的环境。换句话说,即便函数的执行环境已经消失,闭包仍能访问那个环境中的变量。

闭包的工作原理:想象一下,有一个外部函数,它定义了一些变量,并且内嵌了另一个函数。当这个外部函数被调用并返回内嵌函数时,一个闭包就被创建了。这个返回的函数能够记住并访问它被创建时的环境中的变量,即使外部函数的执行已经结束。

这种能力使得闭包成为一个强大的工具,特别是在需要保持状态、实现回调函数或者封装私有数据时。闭包通过一种优雅的方式维护函数内部状态,同时避免了使用全局变量或者附加状态到对象的需求。

闭包具有以下特性。

- **封装性**:闭包允许将数据和操作数据的函数绑定在一起,提高了代码的模块化和封装性。
- **状态保持**:闭包可以保留上次调用的状态,对于实现状态依赖的功能非常有用。
- **动态函数生成**:闭包可以根据外部函数的参数动态地生成函数,提高了代码的复用性和灵活性。

使用闭包时,需要注意不要在无意中引用外部环境中的可变对象,否则可能导致意外的副作用。此外,虽然闭包是一个强大的概念,但它也增加了代码的复杂度,因此推荐在确实需要利用其优势时才使用它。

闭包作为 Python 中的一个高级特性,为编程提供了巨大的灵活性和表达力,它不仅允许函数记忆环境,还开启了无数创造性地使用函数的可能。理解和掌握闭包可以帮助读者更深入地理解 Python,以及如何利用它解决复杂的编程问题。尽管如此,它也是一个需要谨慎使用的工具,正确地理解和应用闭包,将使读者能够写出更加清晰、高效和优雅的 Python 代码。

(链接来源:1. https://www.mr-wu.cn/fluent-python-free-ebook/
2. https://python3-cookbook.readthedocs.io/zh-cn/latest/)

面向对象程序设计

Python 是一种面向对象的解释型高级程序语言,与面向过程程序设计最本质的区别在于,面向对象程序设计强调创建出来的数据成员和成员方法是为了服务定义的对象。在这一范式中,类的定义是关键的一环,它定义了对象的属性和行为。数据成员是对象的特征,而成员方法则是对象可以执行的操作。通过这种方式,面向对象编程能够更好地模拟和组织真实世界中的事物,并提供更清晰、灵活和可维护的代码结构。本章将深入介绍面向对象程序设计的基本概念,涵盖类的定义、数据成员和成员方法等核心概念,并探讨如何应用这些概念来构建更加模块化和可扩展的程序。

本章学习目标

一、知识目标

1. 掌握对象的创建语法。

2. 理解属性的工作原理。

3. 掌握继承的基本概念。

二、技能目标

1. 明白类的定义与使用。

2. 区别数据成员与成员方法。

3. 区别私有成员与公有成员。

三、情感态度与价值目标

1. 充满好奇心和探索欲望,期待探索面向对象编程的奥秘。

2. 充满挑战和兴奋,渴望掌握面向对象编程的高级特性。充满信心和满足,期待将面向对象编程应用于实际问题的解决。

3. 应用所学的面向对象编程知识解决实际的编程问题,提高代码的效率和质量,实现个人和团队的编程目标。

◆ 6.1 类的定义与使用

在面向对象程序设计中,类是一种抽象数据类型,用于描述一类对象的特征和行为。具体而言,类定义了对象的类型,包括类的名称、数据成员(属性)以及成员方法(行为)等。类可以被看作对象的蓝图或模板,通过实例化创建具体的对象。

例 6.1　学生证是每个学生的身份证明，请编写一段代码，生成一个学生类并包含学生证上的基本信息。

为实现上述例题，可以使用以下指令让 Copilot 进行简单的学生类的定义。

//生成一个学生类的定义，包括学生证上的姓名、年龄、年级、班级

引导 Copilot 生成的代码如下所示：

```
class Student:
    def __init__(self, name, age, grade, class_name):
    self.name = name
    self.age = age
    self.grade = grade
    self.class_name = class_name

def print_info(self):
    print("Student:",self.name)
    print("Age:", self.age)
    print("Grade:", self.grade)
    print("Class:", self.class_name)
```

从例 6.1 中可以看出，Python 通过 class 关键字来定义类，而 class 关键字后面接着的就是这个类的名称。紧接着就是通过 def 关键字来定义的（__init__）构造方法，它用于在创建对象时进行初始化操作。而构造方法里面包含的是数据成员，用来定义类或对象的某些属性或特征。下面的 print_info 就是成员方法，用于定义对象的行为或操作。

定义完类之后，就可以创建对象，即类的实例化。类的实例化与平常函数的使用是相似的，需要用到赋值运算符，等号左边是创建的对象，等号右边是类的名字与需要传入 __init__ 的数据成员。

◆ 6.2 数据成员与成员方法

6.2.1　私有成员与公有成员

在前面的学习中，C 语言与 Python 语言的函数都有封装的概念蕴含其中。封装是面向对象编程中的一个核心概念，指的是将对象的状态和实现细节隐藏起来。在封装的概念中，私有成员和公有成员涉及如何访问和使用类的属性和方法，它们的本质区别是访问权限不同。私有成员只能在类的内部访问，在外部无法直接访问，不过有在类的外部通过调用对象的公有成员的方法来访问这个特殊办法。而公有成员类的内部和外部均可以访问。在形式上，私有成员名字前加有两个下画线（__），而公有成员并没有。

例 6.2　在一年一次的体测中，学生的体测表上会登记基本信息，如姓名、年龄、身高、体重。实际生活中，大部分女生不愿意公开自己的年龄与体重，大部分男生不愿意公开自己的身高。请设计一个信息表，对学生的体测信息进行处理。

为实现上述例题，可以使用以下指令让 Copilot 生成相关代码：

//生成一个男生的类，包含姓名、年龄、身高和体重，其中身高是私有成员。再生成一个女生的类，包含姓名、年龄和体重，其中年龄和体重是私有成员

引导 Copilot 生成的代码如下所示：

```
class Male:
def __init__(self, name, age, height, weight):
    self.name = name
    self.age = age
    self.__height = height          #身高为私有成员
    self.weight = weight

class Female:
def __init__(self, name, age, weight):
    self.name = name
    self.__age = age                #年龄为私有成员
    self.__weight = weight          #体重为私有成员
```

值得注意的是，Python 对私有成员提供的访问保护机制并不十分严格。事实上，有两种特殊的方法可以在类的外部成功访问私有成员。第一种特殊方法是使用格式为"对象名. _类名__私有成员"的方式（尽管这种方法是有效的，但不建议使用），而第二种方法是在类中封装公有成员方法以访问私有成员。这两种方法的本质相似，将其映射到现实生活中，学习者可以将其理解为男生或女生自愿报身高、年龄或体重的信息。

在上面的代码中，有很多圆点"."，为成员访问运算符，可以用来访问命名空间、模块或对象中的成员。

以下是 Python 中的 3 种以下画线开头或结尾的特殊成员，它们各有含义。

- _XXX：以一个下画线开头的保护成员，一般在类对象或者子类对象中被访问。一个或多个下画线开头的成员不能用"from module import *"导入，除非在模块中使用__all__变量明确指明才能被导入。
- __XXX：以两个下画线开头但不以两个下画线结尾的是私有成员。
- __XXX__：以两个下画线开头、以两个下画线结尾的是系统定义的特殊成员，如__init__、__all__。

6.2.2　数据成员

数据成员用来描述类或对象的某些属性或者特性，可以分为属于类的数据成员和属于对象的数据成员。

属于类的数据成员通常指的是类级别的属性，而不是实例级别的属性。这些数据成员在整个类的所有实例之间共享。在 Python 中，类的数据成员可以通过类名或实例名来访问。

例 6.3　篮球比赛由两支不同的球队进行对抗，每支球队都有队名和球员，球员有自己的球衣号码和司职位置。设计一个可以读取篮球队名、球员名字、号码和位置的程序。

为实现上述例题，可以使用以下指令让 Copilot 生成相关代码：

```
//生成一个湖人队员属于类的数据成员的示例,包括湖人队名、球员名字、号码和位置
```

引导 Copilot 生成的代码如下所示：

```
class basketball_player:
    basketball_player = "Los Angeles Lakers"

    def __init__(self, Jersey_number, Post_position):
        self.Jersey_number = Jersey_number
        self.Post_position = Post_position

#访问类的数据成员
print(basketball_player.basketball_player)
```

可以看到,无论是哪位球员对象实例化,都会有定义相同的 basketball_team 这个属于类的数据成员声明。

属于对象的数据成员通常指的是实例级别的属性,每个对象(实例)都有自己的一组数据成员。这些数据成员在类的构造函数 __init__ 中初始化,并通过实例名来访问。

创建上述例题"访问属于对象的数据成员"的代码如下。

```
#创建两个对象
LeBron_James = basketball_player("23", "F")
Anthony_Davis = basketball_player("3", "F-C")

#访问对象的数据成员
print(LeBron_James.Jersey_number)
print(LeBron_James.Post_position)
```

不同于属于类的数据成员,属于对象的数据成员是该数据成员的属性或者特性,是这类对象特有的。

6.2.3 成员方法

成员方法是类中定义的函数,用于执行与对象相关的操作。成员方法通常称为类的行为或操作,以实例自身(通常用 self 表示)作为第一个参数。成员方法可以分为三类:实例方法、类方法和静态方法。这些分类主要基于方法的参数和对类的访问权限。

(1)实例方法:实例方法是在类中定义的常见函数,用于操作对象的实例(类的对象),其中的第一个参数通常被命名为 self,表示对实例本身的引用。在实例方法中访问实例成员时,需要使用 self 作为前缀,但在外部通过对象名调用对象方法时,则无须传递这个参数。

(2)类方法:类方法是在类中定义的函数,用于操作类本身,使用 @classmethod 装饰器来标识。通常,第一个参数被命名为 cls,表示对类自身的引用。

(3)静态方法:静态方法是在类中定义的函数,不需要对类或实例的引用,使用 @staticmethod 装饰器来标识。不需要对类或实例的引用作为参数。

例 6.4 在前文的例子中,我学到了学生的类的定义,但是学生证上的信息怎么能没有学校的信息呢?思考一下,在例 6.1 的基础上是否可以增加一个学校的成员?学校是否可以修改?请编写一段代码实现。

为实现上述例题,可以使用以下指令让 Copilot 生成相关代码。

```
//生成一个在 ABC 学校读书的学生的类,并使用实例方法定义姓名、年龄、年级和班级,使用类方法
处理转学问题和使用静态方法判断是否成年
```

引导 Copilot 生成的代码如下所示。

```python
class Student:
    school = "ABC school"                #类方法

    def __init__(self, name, age, grade, class_name):
        self.name = name                 #实例方法
        self.age = age
        self.grade = grade
        self.class_name = class_name

    def print_info(self):
        print("Student:", self.name)
        print("Age:", self.age)
        print("Grade:", self.grade)
        print("Class:", self.class_name)

    @classmethod
    def set_school_name(cls, new_school_name):
        cls.school = new_school_name
        print("School name updated to:", cls.school)

    @staticmethod
    def is_adult(age):
        return age >= 18

student1 = Student("Tom", 18, 12, 1)
student2 = Student("Carli", 19, 13, 5)

#调用实例方法
student1.print_info()

#调用类方法
Student.set_school_name(new_school_name="XYZ High School")

#调用静态方法
is_adult_student1 = Student.is_adult(age=student1.age)
is_adult_student2 = Student.is_adult(age=student2.age)
```

6.2.4　属性

　　属性是一种特殊的成员方法，综合了公开数据成员和成员方法两者的优点。属性是与类或对象关联的数据或行为，包括数据属性描述对象的状态和方法属性描述对象的行为。

　　在最新的 Python 版本中，属性的保护机制更加全面。关于属性的知识可以询问 ChatGPT。

　　例 6.5　ChatGPT 是人工智能技术驱动的自然语言处理工具，它能够基于预训练阶段所见的模式和统计规律来生成回答，还能根据聊天的上下文进行互动。使用 ChatGPT 寻找 Python 中常见的几种属性。

　　为实现上述例题，可以使用以下指令让 ChatGPT 生成相关代码，如图 6-1 所示。

//Python 面向对象程序设计的常见属性有哪些,列出这几种属性的实际应用的代码

 ChatGPT

在Python中，有三种常见的属性：普通属性、只读属性和计算属性。

图 6-1　Python 中常见的属性

普通属性：

```python
class Person:
    def __init__(self, name , age):
        self.name = name
        self.age = age

person = Person(name="Alice", age=25)
print("name:", person.name)          #访问普通属性
person.age = 26                      #修改普通属性的值
print("age:", person.age)
```

只读属性：

```python
class Circle:
    def __init__(self, radius):
        self._radius = radius        #受保护的属性

    @property
    def radius(self):
        print("Getting read-only property:")
        return self._radius

circle = Circle(radius=5)
print(circle.radius)                 #访问只读属性
```

计算属性：

```python
class Rectangle:
    def __init__(self, width, height):
        self.width = width
        self.height = height

    @property
    def area(self):
        print("Calculating area:")
        return self.width * self.height

rectangle = Rectangle(width=4, height=5)
print(rectangle.area)         #访问计算属性
```

更严谨地说,普通属性就是实例属性和类属性,就是实例和类中定义的数据的属性。只读属性是通过 @property 装饰器将 read_only_property 方法标记为只读属性的 getter 方法,从而达到只允许获取属性的值而不允许修改的效果,之后就可以通过 obj.read_only_property 方法直接访问该属性。而计算属性是通过 @property 装饰器创建的,其值根据其

他属性或状态计算而来,而不是存储在内部。

关于只读属性,思考是否可以同时具备可读写的特性,或者是否可以同时具备可读、可写和可删除的特性。这取决于定义属性的 getter、setter 和 deleter 方法。

例 6.6　在前文当中,读者用 getter 方法对只读属性进行了定义,又可以通过 Copilot 生成的例子来观察 setter 和 deleter 的用法。

为实现上述例题,可以使用以下指令让 Copilot 生成相关代码:

```
//生成一个可读写的属性例子,一个可读写可删除的属性的例子
```

引导 Copilot 生成的代码如下所示。

可读写的属性:

```python
class ReadWritePropertyExample:
    def __init__(self):
        self._value = None        #受保护的数据成员

    @property
    def value(self):
        print("Getting value")
        return self._value

    @value.setter
    def value(self, new_value):
        print("Setting value")
        self._value = new_value
```

可读写、可删除的属性:

```python
class ReadWritePropertyExample:
    def __init__(self):
        self._value = None            #受保护的数据成员

    @property
    def value(self):
        print("Getting value")
        return self._value

    @value.setter
    def value(self, new_value):
        print("Setting value")
        self._value = new_value

    @value.deleter
    def value(self):
        print("Deleting value")
        del self._value
```

观察 Copilot 提供的例子可以发现,可读写和可删除是通过装饰器@value.setter 和@value.deleter 重新生成新的成员方法实现的。

◈ 6.3　继　承

中国有一句谚语:"龙生龙,凤生凤。"这句谚语道出了一种传承的观念,强调了后代继承父辈特质的重要性。在编程的世界里,继承这个概念正好完美地诠释了这句话的意思:子类继承了父类的特征和功能,如同龙生龙、凤生凤,保持了血脉传承的连贯性。

继承是面向对象编程中的一个重要概念,它允许一个类(称为子类或派生类)基于另一个类(称为父类或基类)的定义来构建自己的定义。继承使得子类可以继承父类所有的属性和方法,并且可以在不修改父类的情况下添加、修改或扩展功能。

例 6.7　学校正在开发一个信息管理系统,需要存储教职工和学生的信息。请利用继承的知识点设计一个管理系统,管理教职工 Teacher 与学生 Student 并存储相关信息。

为实现上述例题,可以使用以下指令让 Copilot 生成相关代码:

//生成一个名为 Person 的父类和两个名为 Teacher、Student 的子类,形成一个学校管理系统

引导 Copilot 生成的代码如下所示:

```python
class Person:
    def __init__(self, name, age):
        self.name = name
        self.age = age

    def introduce(self):
        print(f"My name is {self.name}, I am {self.age} years old.")

class Teacher(Person):
    def __init__(self, name, age, subject):
        super().__init__(name, age)
        self.subject = subject

    def teach(self):
        print(f"I am a teacher, teaching {self.subject}.")

class Student(Person):
    def __init__(self, name, age, grade, class_name):
        super().__init__(name, age)
        self.grade = grade
        self.class_name = class_name

    def study(self):
        print(f"I am a student in Class{self.class_name} Grade{self.grade}.")
```

子类继承父类有两种方法:第一种是隐式调用,子类完全继承父类的属性和方法;第二种是显式调用,子类在继承父类的属性和方法的同时,当需要扩展一些属性和方法时会使用到。当需要扩展父类没有的属性或方法时,就可以使用 super 来继承父类的方法,然后进行属性或方法的扩展。继承的格式就是在子类名的后面加上括号以及继承的父类名。

正常情况下,子类是完全继承父类的属性与方法的,所以即使子类的定义中没有关于父

类已有的属性或方法定义,读者也可以直接通过"子类.方法"进行使用。

上述例子用的是单继承,但是在生活中,每个人都是有父亲、母亲,生理上的遗传肯定也不是只遗传自一个人,所以就出现了多继承——一个子类可以继承多个父类的属性和方法。

例 6.8　在班级中,班主任为了收集学生的家庭信息,设计了一个微信小程序来收集各位家长填写的信息并保存起来。

为实现上述例题,可以使用以下指令让 Copilot 生成相关代码:

```
//生成两个分别以 Father、Mother 为名的父类,生成一个名为 Me 的子类,包括身份证号码、家庭住址
```

引导 Copilot 生成的代码如下所示:

```python
class Father:
    def __init__(self, father_name, father_ID, home_pos):
        self.father_name = father_name
        self.father_ID = father_ID
        self.home_pos = home_pos

    def provide(self):
        print(f"{self.father_name} provides support.")

class Mother:
    def __init__(self, mother_name, mother_ID, home_pos):
        self.mother_name = mother_name
        self.mother_ID = mother_ID
        self.home_pos = home_pos

    def nurture(self):
        print(f"{self.mother_name} nurtures and cares.")

class Me(Father, Mother):
    def __init__(self, my_name, my_ID, father_name, mother_name):
        super().__init__(father_name)              #继承父类 Father 的构造方法
        super(Mother, self).__init__(mother_name)  #继承父类 Mother 的构造方法
        self.my_name = my_name
        self.my_ID = my_ID

    def introduce(self):
        print(f"I am {self.my_name}, the combination of {self.father_name} and {self.mother_name}.")
```

相较于单继承,多继承在类定义时引入了多个父类的名字,并在需要时通过显式调用 super 或者指定特定父类来指明要继承的具体父类的方法。多继承的两个主要知识点包括类定义中的父类列表的增加,以及在子类中选择性地调用或覆盖多个父类的方法,这些机制允许子类同时继承多个父类的特征。

◈ 6.4　特殊方法

在前面的学习中,我们了解了 __init__() 方法(构造方法)以及 __del__() 方法(析构方法)。这两种方法都属于特殊方法,分别用于在创建对象时进行必要的初始化和在释放对象

时进行必要的清理工作。除此之外，Python 中还有许多以两个下画线开头和结尾的其他特殊方法。

比较常用的特殊方法，如表 6-1 所示。

表 6-1　常用的特殊方法

特 殊 方 法	描　　述
__init__(self,…)	构造方法，用于对象的初始化
__del__(self)	析构方法，在对象被销毁时调用，用于进行必要的清理工作
__str__(self)	将对象转换为字符串，通常用于使用 str(obj) 或 print(obj)
__repr__(self)	将对象转换为可打印的字符串，通常用于调试和开发
__len__(self)	返回对象的长度，通常用于使用 len(obj)
__getitem__(self,key)	获取对象的元素，通常用于使用 obj[key]
__setitem__(self,key,value)	设置对象的元素，通常用于使用 obj[key]＝value
__delitem__(self,key)	删除对象的元素，通常用于使用 del obj[key]
__iter__(self)	返回迭代器对象，通常用于使对象可迭代
__next__(self)	返回迭代器的下一个元素，通常用于使对象可迭代
__call__(self,…)	使对象可调用，可以像函数一样调用对象
__eq__(self,other)	定义对象相等性，通常用于 obj＝＝other 比较
__lt__(self,other)	定义对象小于关系，通常用于 obj＜other 比较
__gt__(self,other)	定义对象大于关系，通常用于 obj＞other 比较
__add__(self,other)	定义对象相加，通常用于 obj＋other 操作
__sub__(self,other)	定义对象相减，通常用于 obj－other 操作

◆ 6.5　综合案例分析

例 6.9　在高中数学课上，立体几何的向量夹角余弦值的求解是必须掌握的问题。请利用面向对象程序的知识点设计一个可以解决夹角余弦值求解问题的程序。

为实现上述例题，可以使用以下指令让 Copilot 生成相关代码：

//使用 Python 类的定义的知识点解决立体几何向量夹角余弦值的求解问题

引导 Copilot 生成的代码如下所示：

```python
import math

class Vector:
    def __init__(self, x, y, z):
        self.x = x
        self.y = y
        self.z = z

    def magnitude(self):
```

```
        #计算向量的模
        return math.sqrt(self.x ** 2 + self.y ** 2 + self.z ** 2)

    def dot_product(self, other):
        #计算向量的点积
        return self.x * other.x + self.y * other.y + self.z * other.z

    def cos_similarity(self, other):
        #计算两个向量夹角的余弦值
        magnitude_product = self.magnitude() * other.magnitude()
        if magnitude_product == 0:
            raise ValueError("其中一个向量的模为零,无法计算余弦值。")

        dot_product_result = self.dot_product(other)
        cosine_similarity_value = dot_product_result / magnitude_product
        return cosine_similarity_value

#定义两个向量
vector1 = Vector(1, 2, 3)
vector2 = Vector(4, 5, 6)
#计算两个向量夹角的余弦值
cosine_similarity_result = vector1.cos_similarity(vector2)
#输出结果
print(f"向量 1: ({vector1.x}, {vector1.y}, {vector1.z})")
print(f"向量 2: ({vector2.x}, {vector2.y}, {vector2.z})")
print(f"两个向量夹角的余弦值: {cosine_similarity_result}")
```

基本思路:定义一个向量的类,具有向量的模、向量的点积和求向量夹角的余弦值这三个成员方法,且需要判断两个向量的模的乘积是否为零。如果乘积不为零,就可以求夹角的余弦值,最后输出。如果乘积为零,则可以直接得出夹角的余弦值。

例 6.10　近几年来,网约车与自驾游蔚然成风。请结合面向对象程序设计的知识点设计一个程序,描述网约车和自驾游出行的状态。

为实现上述例题,可以使用以下指令让 Copilot 生成相关代码:

```
//利用面向对象程序设计的知识点完成对网约车与自驾游的描述。在类中,网约车需要描述车型、
车牌、所属网约车公司三个属性,启动、停止时间候乘客两种方法,家用轿车需要描述车型、车牌、
车主姓名三个属性,启动、停止时发出感叹的两种方法
```

引导 Copilot 生成的代码如下所示:

```
class Car:
    def __init__(self, car_type, license_plate):
        self.car_type = car_type
        self.license_plate = license_plate
        self.is_running = False          #初始状态为停止

    def start(self):
        if not self.is_running:
            print(f"状态: {self.car_type} ({self.license_plate}) 开始启动。")
            self.is_running = True
```

```
                else:
                    print(f"状态：{self.car_type}（{self.license_plate}）已经在行驶中。")

        def stop(self):
            if self.is_running:
                print(f"状态：{self.car_type}（{self.license_plate}）开始停车。")
                self.is_running = False
            else:
                print(f"状态：{self.car_type}（{self.license_plate}）已经停止了。")

class RideShareCar(Car):
    def __init__(self, car_type, license_plate, ride_share_company):
        super().__init__(car_type, license_plate)
        self.ride_share_company = ride_share_company

    def print_hello(self):
        print(f"乘客你好！欢迎乘坐{self.ride_share_company}{self.car_type}{self.license_plate}")

    @staticmethod
    def print_goodbye(self):
        print("目的地已经到达，请收拾好随身物品，欢迎下次乘坐！")

class PersonalCar(Car):
    def __init__(self, car_type, license_plate, owner_name):
        super().__init__(car_type, license_plate)
        self.owner_name = owner_name

    def print_start(self):
        print(f"我是{self.owner_name}，青春没有售价，开车直达拉萨。")

    @staticmethod
    def print_stop(self):
        print("直达拉萨！Go Go Go!")

#创建网约车对象
ride_share_car = RideShareCar(car_type="网约车", license_plate="京 A66666",
ride_share_company="迪迪公司")
ride_share_car.print_hello()
ride_share_car.start()
ride_share_car.stop()
ride_share_car.print_goodbye(ride_share_car)


print("<------------------------->")

#创建家用轿车对象
personal_car = PersonalCar(car_type="轿车", license_plate="京 B8888", owner_
name="张 XX")
```

```
personal_car.print_start()
personal_car.start()
personal_car.stop()
personal_car.print_stop(personal_car)
```

定义父类 Car,包含 start 与 stop 两个状态,通过 is_running 判断 Car 是否启动。定义子类 RideShareCar 继承父类 Car 的启动与停止的状态,增加乘客上车与下车的问候。定义子类 PersonalCar 继承父类 Car 的启动与停止的状态,增加启动与停止时的感叹。创建网约车与家用轿车的对象,输入车型、车牌、网约车公司或者家用轿车司机。

例 6.11　学校教导处想结合面向对象的思想建立一个教学管理系统,存储学生的姓名、性别、年龄和 Python 考试成绩,并定义一个成员方法判断 Python 成绩是否及格。

为实现上述例题,可以使用以下指令让 Copilot 生成相关代码:

> //生成一个教学管理系统,存储学生的姓名、性别、年龄和 Python 考试成绩,并且判断 Python 成绩是否合格

引导 Copilot 生成的代码如下所示:

```python
class Student:
    def __init__(self, name, gender, age, python_score):
        self.name = name
        self.gender = gender
        self.age = age
        self.python_score = python_score

    def information(self):
        print(f"姓名: {self.name}\n性别: {self.gender}\n年龄: {self.age}\nPython考试成绩: {self.python_score}")

    def is_passed(self):
        return self.python_score >= 60

class TeachingManagementSystem:
    def __init__(self):
        self.students = []

    def add_student(self, student):
        self.students.append(student)

    def display_all_students(self):
        print("所有学生信息: ")
        for student in self.students:
            student.information()
            print("<--------------->")

    def display_passed_students(self):
        print("合格学生信息: ")
        for student in self.students:
            if student.is_passed():
```

```
                    student.information()
                    print("<--------------->")

#创建学生对象
student1 = Student(name="张三", gender="男", age=20, python_score=75)
student2 = Student(name="李四", gender="女", age=21, python_score=58)
student3 = Student(name="王五", gender="男", age=22, python_score=90)

#创建教学管理系统对象
teaching_system = TeachingManagementSystem()

#添加学生到教学管理系统
teaching_system.add_student(student1)
teaching_system.add_student(student2)
teaching_system.add_student(student3)

#显示所有学生信息
teaching_system.display_all_students()

#显示及格学生信息
teaching_system.display_passed_students()
```

先创建学生的类，存储基本信息，并且判断成绩是否合格；再创建教学管理系统的类，在教学管理系统中定义一个列表以存储学生的信息，再打印输出所有信息；最后录入学生的信息，把学生信息添加到教学管理系统中，再输出所有信息。

◇ 本 章 小 结

本章介绍了 Python 中面向对象程序设计的相关知识点。

（1）类是对象的类型或者模板，就像模具，定义了产品的形状和功能；而对象就像用模具生产出来的具体产品。类的定义需要使用关键字 class，类的使用一般用于对象的创建。

（2）对象的创建通过使用赋值号（＝）与类名，并传入相应的数据来完成。

（3）数据成员定义类的属性与特性，包含属于类的数据成员与属于对象的数据成员，属于类的数据成员是这个类中所有实例化的对象都共有的，并且内容都相同；属于对象的数据成员也是这个类中所有实例化的对象都共有的，由类自己定义生成的通常有 self 前缀，表示为"对象的"意思，每一实例的对象之间的名字与数量相同，但是定义的内容不一定相同。方法成员定义类的行为活动。

（4）私有成员与公有成员只有访问权限的区别。公有成员能直接访问，私有成员不能直接访问。

（5）属性中的普通属性就是类中定义最常见的数据成员，其他属性需要通过装饰器 @XXX 进行设置。

（6）继承的本质就是父亲、母亲遗传给儿子、女儿，但是儿子、女儿不一定与父亲、母亲完全一样。

◆ 本 章 习 题

一、填空题

1. 在面向对象编程中,类是一种抽象的_____。

2. 在面向对象编程中,对象是类的一个_____。

3. 特殊方法__init__被称为_____方法,用于在对象创建时进行初始化。

4. 在 Python 中,通过调用 super()函数来调用父类的方法是为了实现_____。

5. 类方法通过_____装饰器定义,在方法的参数列表中使用 cls 表示类本身。

二、选择题

1. 面向对象编程的核心概念是(　　　)。

　　A. 封装　　　　　　B. 继承　　　　　　C. 多态　　　　　　D. 上述所有

2. 下列选项中不是面向对象编程的基本原则的是(　　　)。

　　A. 封装　　　　　　B. 并发性　　　　　C. 继承　　　　　　D. 多态

3. 在面向对象编程中,封装的目的是(　　　)。

　　A. 隐藏对象的实现细节　　　　　　B. 使对象的状态对外可见

　　C. 强制对象的使用者了解其内部实现　　D. 降低代码的可维护性

4. 继承的主要优势是(　　　)。

　　A. 代码重用　　　　B. 代码封装　　　　C. 多态　　　　　　D. 上述所有

三、编程题

1. 定义一个 Person 类,包含属性 name、age 和方法 display_info,用于显示人的基本信息。

2. 创建一个 Rectangle 类,包含属性 width 和 height,以及方法 calculate_area,用于计算矩形的面积。

3. 基于继承,创建一个 Student 类,继承自 Person 类,添加属性 grade 和方法 display_grade,用于显示学生的成绩。

4. 使用面向对象的思想设计一个简单的图书馆管理系统,包含 Book 类和 Library 类,实现借书、还书等基本功能。

◆ 拓 展 阅 读

　　在这一章的学习中,发现面向对象编程(OOP)是计算机科学中的一种编程范式,它将数据和操作封装在对象中,并通过对象之间的交互来解决问题。Python 作为一种面向对象的编程语言,提供了强大的 OOP 支持,使得程序员能够更轻松地设计和实现复杂的软件系统。在学习 Python 的过程中,掌握面向对象程序设计的知识点至关重要。接下来将结合 *Python Cookbook* 和 *Introduction to Python Programming* 这两本书探讨面向对象程序设计的一些拓展知识点。

　　Python Cookbook 是一本实用的 Python 编程指南,提供了大量的实用技巧和解决方案。其中,对于面向对象程序设计的讨论尤为深入和具有启发性。通过学习这本书,读者可

以了解许多关于 Python 中 OOP 的高级特性和最佳实践。例如，书中提供了许多有关类的装饰器、元类和属性的使用技巧，这些技巧能够帮助程序员编写更加灵活、健壮和可维护的代码。

而 *Introduction to Python Programming* 是一本介绍 Python 编程基础知识的入门教材，适合初学者。在这本书中，作者系统地介绍了 Python 的语法、数据类型、控制结构等基本概念，并通过实例和练习帮助读者建立对 Python 编程的基本理解。虽然这本书更加偏向于基础知识的介绍，但也包含一些关于面向对象程序设计的内容，如类的定义、方法的使用等。

第7章

字符串和正则表达式

字符串是编程中不可或缺的数据类型,用于存储文本信息,并在各种操作中发挥重要作用。正则表达式是一种强大的模式匹配工具,可以帮助学习者进行高效的文本搜索、替换和提取操作。本章将深入探讨 Python 中字符串的基本操作、格式化、切片以及正则表达式的概念、语法和应用,让读者掌握处理文本数据的关键技能,提高编程效率和灵活性。

本章学习目标

一、知识目标

1. 领悟字符串的本质。
2. 掌握字符串的常见操作。
3. 熟悉字符串的方法。

二、技能目标

1. 能够使用不同的字符串格式化方式格式化输出字符串。
2. 掌握使用正则表达式等工具对字符串进行搜索和匹配。

三、情感态度与价值目标

1. 培养耐心和毅力,学习字符串是需要不断实践和尝试的。
2. 注重精确性,使用字符串时,细节和准确性是极其重要的。
3. 学习字符串操作可以激发创造性思维,掌握更多的字符串处理技巧。

◆ 7.1　初识字符串

字符串被赋予表达文本的独特力量。如同每个国家都有其独特的语言,字符串是由字符组成的有序序列,每个字符都拥有独一无二的索引。字符串是多样的,可以包含字母、数字、标点符号、特殊字符等。

7.1.1　字符串的创建

可以使用单引号或双引号来创建字符串。例如:

```
#使用单引号创建字符串
string1 = 'Hello, World!'
print(string1)
#使用双引号创建字符串
string2 = "Hello, World!"
print(string2)
```

　　如果字符串中包含引号，可以使用单引号（或双引号）包围字符串，双引号（或单引号）放在字符串内部。例如：

```
string3 = 'Hello, "World!"'
print(string3)
```

　　三个引号（可以是三个单引号或三个双引号）用于创建多行字符串。当需要定义一个跨越多行的字符串时，可以使用此方法。例如：

```
#使用三个单引号创建一个多行字符串
string1 = '''
This is a
multi-line
string.
'''
print(string1)
#使用三个双引号创建一个多行字符串
string2 = """
This is another
multi-line
string.
"""
print(string2)
```

7.1.2　转义字符

　　转义字符是一种特殊的字符，由反斜线"\"开始，后面跟着指定的字符，如图 7-1 所示。

转义字符	描述
\n:	换行符
\t:	制表符
\r:	回车符
\a:	响铃符
\b:	退格符
\f:	换页符
\v:	垂直制表符
\\:	反斜线
\':	单引号
\":	双引号

图 7-1　字符串转义字符

```
#创建包含换行转义字符的字符串
string = "Hello\nWorld!"              #分成两行输出
print(string)
```

7.1.3　字符串的不可变性

　　字符串是不可变的，这是因为字符串在内存中是以固定长度的字符数组的形式存储的，而数组的长度是不可变的。修改字符串实际上是创建新的字符串，而原始的字符串保持不变。因此，修改字符串需要创建新的字符串来替代原始的字符串。例如：

```
#字符串的不可变性示例
string = "Hello"
print("原始字符串:", string)
#尝试修改字符串的某个字符
string[0] = "h"                      #会引发 TypeError 异常
#尝试连接字符串
new_string = string + " World"       #创建一个新的字符串对象
print("连接后的字符串:", new_string)
#尝试截取字符串的一部分
sub_string = string[1:4]             #创建一个新的字符串对象
print("截取的子字符串:", sub_string)
```

由此可见,更新字符串要创建一个新的字符串,在原字符串上更改会提示报错。

例 7.1　某位音乐创作人正在创作一首《星际之歌》,需要使用字符串来实现这个构想。请用 Python 程序帮他完成下列任务:

(1) 创建一个字符串变量,名为 star_lyrics,其中包含歌词的开头:“在星际的辽阔之处,探索未知的奇迹。”

(2) 向 star_lyrics 中追加一句歌词:“穿越时间的长河,追逐梦想的星光。”

(3) 打印输出 star_lyrics,欣赏一下创作的《星际之歌》。

提示:可以使用单引号或双引号来创建字符串。而通过“+”号可以将两个字符串连接在一起,形成新的字符串。

为实现上述例题,可以使用以下指令引导 Copilot 生成代码:

```
任务 1:创建一个名为 star_lyrics 且内容为"在星际的辽阔之处,探索未知的奇迹。"的字符串
任务 2:将"穿越时间的长河,追逐梦想的星光。"加至 star_lyrics 中
任务 3:打印输出 star_lyrics
请编写一个程序来完成以上任务
```

引导 Copilot 生成的代码如下所示:

```
star_lyrics = "在星际的辽阔之处,探索未知的奇迹。"        #任务 1
star_lyrics += "穿越时间的长河,追逐梦想的星光。"         #任务 2
print(star_lyrics)                                   #任务 3
```

这段 Python 代码会按照指示完成 3 个任务:创建名为 star_lyrics 的字符串变量并赋值,将另一个字符串添加到 star_lyrics 中,最后输出合并后的完整句子。

◈ 7.2　字符串的操作

在 Python 中,字符串的操作是非常常见的操作。掌握这些操作能够更灵活地处理各种文本数据。本节将深入研究这些操作,并通过实例演示其在实际场景中的应用。

7.2.1　字符串的运算符

字符串之间可以通过运算符进行连接、重复、切片等操作,从而构建出多样化的文本结构,如图 7-2 所示。

```
a = "Hello"
b = "Python"

操作符      描述                                                               实例            输出结果
  +        字符串连接                                                         a+b            HelloPython
  *        重复输出字符串                                                     a*2            HelloHello
  []       通过索引获取字符串中字符                                           a[1]           e
  [ : ]    截取字符串中的一部分,遵循左闭右开原则,str[0:2] 是不包含第 3 个字符的  a[1:4]         ell
  in       成员运算符 - 如果字符串中包含给定的字符返回 True                    'H' in a       True
  not in   成员运算符 - 如果字符串中不包含给定的字符返回 True                   'M' not in a   True
  r/R      原始字符串 - 原始字符串:所有的字符串都是直接按照字面的意思来使用     print( r'\n' ) \n
  %        格式化字符串  请查看 7.2.3 节的内容
```

图 7-2　字符串的运算符

（1）加号"＋"可以将两个字符串连接在一起，形成新的字符串。例如：

```
str1 = "Hello"
str2 = "World"
result = str1 + " " + str2
print(result)  #Output: Hello World
```

（2）乘号"＊"可以复制字符串，生成具有重复内容的新字符串。例如：

```
str = "Hello"
result = str * 3
print(result)              #Output: HelloHelloHello
```

（3）len()函数可以获得字符串的长度。例如：

```
string = "Hello, World!"
length = len(string)
print("Length of the string:", length)
```

例 7.2　某艺术家正在使用程序谱写一首诗篇。请用 Python 程序帮他完成下列任务：

（1）创建两个字符串变量 verse1 和 verse2，分别包含两句诗的开头："代码如诗，娓娓道来。"和"变量如歌，婉转悠扬。"。

（2）使用"＋"运算符将 verse1 和 verse2 合并为一个新的字符串，赋值给变量 combined_verse。

（3）使用 len()方法计算 combined_verse 中的字符个数，并将结果赋值给变量 verse_length。

（4）打印输出 combined_verse，并显示诗篇的字符个数。

提示：使用"＋"运算符可以将两个字符串连接在一起。len()函数用于计算字符串的长度。

为实现上述要求，可以使用以下指令引导 Copilot 生成代码：

```
任务 1：创建一个名为 verse1 且内容为"代码如诗,娓娓道来。"的字符串,再创建一个名为
verse2 且内容为"变量如歌,婉转悠扬。"的字符串
任务 2：使用"+"将 verse1 和 verse2 合并为一个新的字符串 combined_verse
任务 3：使用 len()方法计算 combined_verse 中的字符个数,并将结果赋值给变量 verse_
length
任务 4：输出 combined_verse,并显示字符个数
请编写一个程序来完成以上任务
```

引导 Copilot 生成的代码如下所示：

```
verse1 = "代码如诗,娓娓道来。"                    #任务 1
verse2 = "变量如歌,婉转悠扬。"                    #任务 2
combined_verse = verse1 + verse2              #任务 2
verse_length = len(combined_verse)            #任务 3
print(combined_verse)                         #任务 4
print("诗篇的字符个数:", verse_length)
```

这段 Python 代码会完成 4 个任务:创建两个字符串变量 verse1 和 verse2,将它们合并为 combined_verse,计算 combined_verse 中的字符个数并存储在 verse_length 中,最后输出合并后的字符串和字符个数。

7.2.2　访问字符串中的元素

索引与切片的语法如下,如图 7-3 所示:

索引:使用方括号[]来访问特定位置的字符。
切片:使用[start:stop:step]来获取字符串的一个子字符串。

```
从后面索引:   -6  -5  -4  -3  -2  -1
从前面索引:    0   1   2   3   4   5

              P   y   t   h   o   n

从前面截取:  :  0   1   2   3   4   5  :
从后面截取:  :  -6  -5  -4  -3  -2  -1  :

str[0] = 'P'    str[-6] = 'P'    str[:] = "Python"     str[:-1] = "Pytho"
str[1] = 'y'    str[-5] = 'y'    str[0:] = "Python"    str[-6:] = "Python"
str[2] = 't'    str[-4] = 't'    str[:3] = "Pyt"       str[:-3] = "Pyt"
str[3] = 'h'    str[-3] = 'h'    str[0:2] = "Py"       str[-6:-4] = "Py"
str[4] = 'o'    str[-2] = 'o'    str[1:4] = "yth"      str[-5:-2] = "yth"
str[5] = 'n'    str[-1] = 'n'    str[1:4:2] = "yh"     str[-5:-2:2] = "yh"
```

图 7-3　索引与切片

通过索引可以访问字符串中的单个字符。例如:

```
#索引单个字符
print(str[0])            #H
print(str[4])            #o
#使用负数索引
print(str[-1])           #n
print(str[-5])           #y
```

通过切片操作可以获取字符串的子字符串,这在处理大段文本时非常有用。例如:

```
string = "Hello, World!"
#切片操作
print(string[0:5])           #输出:Hello
print(string[7:])            #输出:World!
print(string[:5])            #输出:Hello
print(string[-6:])           #输出:World!
```

例 7.3　请用 Python 程序完成下列任务:

(1) 创建一个字符串变量 magic_spell,其中包含一个咒语:"Abracadabra!"。

(2) 使用索引操作提取 magic_spell 中的第一个字符,并将其赋值给变量 first_char。

（3）使用切片操作提取 magic_spell 中的第 5～10 个字符（包含第 10 个字符），并将结果赋值给变量 mid_section。

（4）使用负索引提取 magic_spell 中的倒数第二个字符，并将其赋值给变量 last_char。

（5）打印输出 first_char、mid_section 和 last_char，感受访问字符串元素的神奇之处。

提示：可以使用方括号和索引来获取字符串中特定位置的字符。通过使用冒号"："来进行切片操作，负索引表示从字符串末尾开始计数。

为实现上述任务，可以使用以下指令引导 Copilot 生成代码：

> 任务 1：创建一个名为 magic_spell 且内容为"Abracadabra!"的字符串。
>
> 任务 2：索引提取 magic_spell 中的第一个字符并将其赋值给变量 first_char。
>
> 任务 3：切片提取 magic_spell 中的第 5～10 个字符并将结果赋值给变量 mid_section。
>
> 任务 4：负索引提取 magic_spell 中的倒数第二个字符并将其赋值给变量 last_char。
>
> 任务 5：输出 first_char、mid_section 和 last_char。
>
> 请编写一个程序来完成以上任务。

引导 Copilot 生成的代码如下所示：

```
magic_spell = "Abracadabra!"              #任务1
first_char = magic_spell[0]               #任务2
mid_section = magic_spell[4:10]           #任务3
last_char = magic_spell[-2]               #任务4
print(first_char)                         #任务5
print(mid_section)
print(last_char)
```

这段 Python 代码会完成 5 个任务：创建字符串变量 magic_spell，索引提取其中的第一个字符并赋值给 first_char，切片提取第 5～10 个字符并赋值给 mid_section，负索引提取倒数第二个字符并赋值给 last_char，最后输出这三个变量的值。

7.2.3 字符串的格式化

借助操作符"％"进行格式化，类似于 C 语言的格式化方法，如图 7-4 所示。例如：

```
#使用%格式化字符串
name = "Alice"
age = 25
print("My name is %s and I am %d years old." % (name, age))
```

可以通过字符串的 format()方法并使用占位符"{}"来格式化字符串。例如：

```
name = "John"
age = 30
#使用位置参数指定占位符的值
message1 = "My name is {} and I am {} years old.".format(name, age)
print(message1)          #Output: My name is John and I am 30 years old.
#使用关键字参数来指定占位符的值
message2 = "My name is {name} and I am {age} years old.".format(name=name, age=age)
print(message2)          #Output: My name is John and I am 30 years old.
```

F-string 方法是一种在字符串前加上 f 前缀的格式化字符串的方式，可以使字符串格式

```
python字符串格式化符号：

符号        描述
%c         格式化字符及其ASCII码
%s         格式化字符串
%d         格式化整数
%u         格式化无符号整数
%o         格式化无符号八进制数
%x         格式化无符号十六进制数
%X         格式化无符号十六进制数（大写）
%f         格式化浮点数，可指定小数点后的精度
%e         用科学记数法格式化浮点数
%E         作用同%e，用科学记数法格式化浮点数
%g         %f和%e的简写
%G         %f和%E的简写
%p         用十六进制数格式化变量的地址

格式化操作符辅助指令：

符号        功能
*          定义宽度或者小数点精度
-          用于左对齐
+          在正数前面显示加号(+)
<sp>       在正数前面显示空格
#          在八进制数前面显示零('0')，在十六进制数前面显示'0x'或者'0X'(取决于用的是'x'还是'X')
0          显示的数前面填充'0'而不是默认的空格
%          '%%'输出一个单一的'%'
(var)      映射变量(字典参数)
m.n.       m 是显示的最小总宽度,n 是小数点后的位数(如果可用的话)
```

图 7-4 字符串格式化符号

化更简洁。例如：

```
name = "Alice"
age = 25
message = f"My name is {name} and I am {age} years old."
print(message)          #Output: My name is Alice and I am 25 years old.
```

例 7.4 某诗人正在编写一首颂歌。请用 Python 程序帮他完成下列任务：

(1) 创建 3 个变量 noun、adjective 和 verb，分别表示名词、形容词和动词，用于构造一句中文程序颂歌。

(2) 使用格式化字符串，将这些变量填入一句颂歌程序的模板中。

(3) 打印输出最终的颂歌，感受格式化字符串的华丽之处。

提示：可以使用花括号"{ }"作为占位符，在字符串中预留位置。通过使用字符串的 format()方法将变量的值填充到这些占位符中。

为实现上述任务，可以使用以下指令引导 Copilot 生成代码：

```
任务 1: 创建 3 个变量 noun、adjective 和 verb，分别表示名词、形容词和动词，用于构造一句中文颂歌程序。
任务 2: 格式化字符串，将这些变量填入一句颂歌程序的模板中。
任务 3: 输出最终的颂歌。
请编写一个程序来完成以上任务。
```

引导 Copilot 生成的代码如下所示：

```
#任务 1
noun = "代码"
adjective = "优雅"
```

```
verb = "运行"
#任务 2
song_template = "我喜欢{adjective}的{noun},它总是{verb}得如此完美。"
song = song_template.format(noun=noun, adjective=adjective, verb=verb)
#任务 3
print(song)
```

7.2.4 字符串对象的内置方法

1. upper()方法和 lower()方法

这两个方法用于将字符串转换为大写或小写。例如：

```
#使用 upper()方法将字符串转换为大写
string = "hello, world!"
upper_string = string.upper()
print(upper_string)           #输出：HELLO, WORLD!
#使用 lower()方法将字符串转换为小写
string = "HELLO, WORLD!"
lower_string = string.lower()
print(lower_string)           #输出：hello, world!
```

2. strip()方法

strip()方法用于移除字符串两端的空白字符，包括空格、制表符和换行符。例如：

```
#使用 strip()方法去除字符串两端的空格
string = "  Hello, World!  "
stripped_string = string.strip()
print(stripped_string)   #输出：Hello, World!
```

3. replace()方法

replace()方法用于替换字符串中的指定内容。例如：

```
#使用 replace()方法替换字符串中的字符
string = "Hello, World!"
new_string = string.replace("World", "Python")
print(new_string)             #输出：Hello, Python!
```

4. find()方法和 index()方法

这两个方法用于查找子字符串在字符串中的位置。例如：

```
#使用 find()方法查找子字符串的位置
string = "Hello, World!"
position = string.find("World")
if position != -1:
  print("子字符串'World'的位置是:", position)
else:
  print("子字符串'World'不存在")
#使用 index()方法查找子字符串的位置
string = "Hello, World!"
try:
  position = string.index("World")
```

```
    print("子字符串'World'的位置是:", position)
except ValueError:
    print("子字符串'World'不存在")
```

5. count()方法

count()方法用于统计子字符串在字符串中出现的次数。例如：

```
#使用 count()方法统计字符串中某个字符或子字符串出现的次数
string = "Hello, World!"
number = string.count("o")
print(number)              #输出: 2
```

6. split()方法

split()方法用于根据指定的分隔符将字符串拆分成列表。例如：

```
#使用 split()方法将字符串按照空格分隔成列表
string = "Hello, World!"
split_list = string.split()
print(split_list)              #输出: ['Hello,', 'World!']
```

例 7.5　请用 Python 程序帮助魔法师完成下列任务：

（1）创建一个字符串变量 wizard_spell，其中包含一个神秘咒语："Abracadabra!"。

（2）使用字符串方法查找 wizard_spell 中包含的子串"cad"所在的索引，并将结果赋值给变量 substring_index。

（3）使用字符串方法将 wizard_spell 中的所有小写字母转换为大写字母，并将结果赋值给变量 all_uppercase_spell。

（4）打印输出经过处理的 wizard_spell、substring_index 和 all_uppercase_spell，感受字符串方法的神奇之力。

提示：字符串方法是通过在字符串对象上调用相应的方法来执行的。使用 find()方法查找子串的索引，使用 upper()方法将字符串中的小写字母转换为大写字母。

为实现上述任务，可以使用以下指令引导 Copilot 生成代码：

```
任务1：创建一个名为 wizard_spell 且内容为"Abracadabra!"的字符串。
任务2：查找 wizard_spell 中包含的子串"cad"所在的索引，并将结果赋值给 substring_
index。
任务3：将 wizard_spell 中的所有小写字母转换为大写字母，并将结果赋值给 all_uppercase_
spell。
任务4：输出 wizard_spell、substring_index 和 all_uppercase_spell。
请编写一个程序来完成以上任务。
```

引导 Copilot 生成的代码如下所示：

```
wizard_spell = "Abracadabra!"                    #任务1
substring_index = wizard_spell.find("cad")       #任务2
all_uppercase_spell = wizard_spell.upper()       #任务3
print("wizard_spell:", wizard_spell)             #任务4
print("substring_index:", substring_index)
print("all_uppercase_spell:", all_uppercase_spell)
```

◆ 7.3 正则表达式

正则表达式是一种强大而灵活的工具，为处理字符串提供了更高级的技术。本节将深入介绍正则表达式。

7.3.1 正则表达式的基本语法

正则表达式（regular expression）的基本语法包括一系列字符和特殊符号，用于描述字符串的模式。以下是正则表达式的基本语法元素。

（1）普通字符：大多数字符（字母、数字、标点符号）在正则表达式中表示其自身。

示例：Python 匹配字符串中的"Python"。

（2）元字符：元字符是具有特殊含义的字符，在正则表达式中有特定的用途。一些常见的元字符如图 7-5 所示。

操作符		作用
.	:	匹配任何除了换行符的字符
*	:	匹配前面的子表达式零次或多次
+	:	匹配前面的子表达式一次或多次
?	:	匹配前面的子表达式零次或一次
{n}	:	n 是一个非负整数，匹配确定的 n 次
{n,}	:	n 是一个非负整数，至少匹配 n 次
{n,m}	:	m 和 n 均为非负整数，其中 n≤m。最少匹配 n 次且最多匹配 m 次
^	:	匹配输入字符串的开始位置
$	:	匹配输入字符串的结束位置
\b	:	匹配一个单词边界
\d	:	匹配一个数字字符。等价于 [0-9]
\D	:	匹配一个非数字字符。等价于 [^0-9]
\s	:	匹配任何空白字符，包括空格、制表符、换页符等。等价于 [\f\n\r\t\v]
\S	:	匹配任何非空白字符。等价于 [^ \f\n\r\t\v]
\w	:	匹配包括下画线的任何单词字符。等价于'[A-Za-z0-9_]'
\W	:	匹配任何非单词字符。等价于 '[^A-Za-z0-9_]'
"\"	:	转义字符，用于匹配元字符本身

图 7-5　正则表达式的操作符

（3）字符类：用于匹配字符集合的方括号"[]"。

示例：[aeiou]匹配任何一个元音字母。

（4）范围表示法：在字符类中使用连字符"-"表示字符范围。

示例：[0-9]匹配任何一个数字。

（5）反义：在字符类中使用"^"表示反义，即匹配不在字符集合中的字符。

示例：[^0-9]匹配任何非数字字符。

（6）重复：使用"{}"表示重复次数。

示例：a{3}匹配 3 个连续的字母 "a"。

这些是正则表达式的基本语法元素，通过相互组合，可以构建复杂的模式来匹配目标字符串中的文本。

7.3.2 re 模块

re 模块提供了一组函数，用于进行正则表达式的匹配和操作。以下是 re 模块的基本操作步骤：

```
#1.导入模块:首先,需要导入 re 模块。
import re
#2.定义正则表达式:在使用正则表达式之前,需要定义一个匹配模式的字符串。可以使用原始字
#符串(以 r 开头)来避免转义字符的问题。
pattern = r"abc"
#3.使用 re.match 进行匹配:re.match(pattern, string)函数用于从字符串的开头匹配模
#式。返回一个 match 对象或 None。
result = re.match(pattern, "abcdef")
if result:
    print("Match found:", result.group())
else:
    print("Match not found")
#4.使用 re.search 进行搜索:re.search(pattern, string)函数用于在整个字符串中搜索
#匹配模式。返回一个 match 对象或 None。
result = re.search(pattern, "xyzabc")
if result:
    print("Match found:", result.group())
else:
    print("Match not found")
#5.使用 re.findall 进行全局搜索:re.findall(pattern, string)函数用于在整个字符串
#中搜索所有匹配的子串,并返回一个列表。
matches = re.findall(pattern, "abc123abc456abc")
print("Matches:", matches)
#6.使用 re.sub 进行替换:re.sub(pattern, replacement, string)函数用于替换匹配的子
#字符串。
replaced_text = re.sub(pattern, "XYZ", "abc123abc456abc")
print("Replaced text:", replaced_text)
```

7.3.3　match 对象

　　match 对象是由 re.match()或 re.search()方法返回的结果,包含匹配的信息。以下是 match 对象的一些基本语法:

```
#1.获取匹配的字符串。
import re
pattern = r"\d+"
text = "The price is 123 dollars."
result = re.search(pattern, text)
if result:
    matched_text = result.group()
    print("Matched text:", matched_text)
#2.获取匹配的位置:使用 start()方法和 end()方法可以获取匹配的起始位置和结束位置。
import re
pattern = r"\d+"
```

```
text = "The price is 123 dollars."
result = re.search(pattern, text)
if result:
    start_position = result.start()
    end_position = result.end()
    print("Start position:", start_position)
    print("End position:", end_position)
```
#3. 获取匹配的位置(span 形式)：使用 span() 方法可以一次性获取匹配的起始位置和结束位置。
```
import re
pattern = r"\d+"
text = "The price is 123 dollars."
result = re.search(pattern, text)
if result:
    span = result.span()
    print("Match span:", span)
```
#4. 获取匹配的所有子字符串：使用 groups() 方法可以获取所有匹配的子字符串。
```
import re
pattern = r"(\d+)-(\d+)-(\d+)"
text = "Date: 2023-12-25"
result = re.search(pattern, text)
if result:
    all_groups = result.groups()
    print("All groups:", all_groups)
```

例 7.6 请用 Python 程序完成下列任务：

（1）创建一个字符串变量 magical_text，其中包含一段文本"Abracadabra! Python is magical!"。

（2）使用正则表达式查找并提取 magical_text 中所有以大写字母开头的单词，并将结果赋值给变量 capitalized_words。

（3）使用正则表达式将 magical_text 中的所有感叹号替换为问号，并将结果赋值给变量 transformed_text。

（4）打印输出经过处理的 magical_text、capitalized_words 和 transformed_text。

提示：可以使用 re 模块进行正则表达式的操作。使用 re.findall() 方法查找所有匹配的子字符串，使用 re.sub() 方法进行替换操作。

为实现上述任务，可以使用以下指令引导 Copilot 生成代码：

任务 1：创建一个名为 magical_text 且内容为"Abracadabra! Python is magical!"的字符串。

任务 2：使用正则表达式查找并提取 magical_text 中所有以大写字母开头的单词，并将结果赋值给 capitalized_words。

任务 3：使用正则表达式将 magical_text 中的所有感叹号替换为问号，并将结果赋值给 transformed_text。

任务 4：输出 magical_text、capitalized_words 和 transformed_text。
请编写一个程序来完成以上任务。

引导 Copilot 生成的代码如下所示：

```
import re
magical_text = "Abracadabra! Python is magical!"                    #任务 1
capitalized_words = re.findall(r'\b[A-Z]\w*', magical_text)         #任务 2
transformed_text = re.sub(r'!', '?', magical_text)                  #任务 3
print("magical_text:", magical_text)                               #任务 4
print("capitalized_words:", capitalized_words)
print("transformed_text:", transformed_text)
```

◆ 本 章 小 结

本章介绍了 Python 程序设计中的字符串和正则表达式，以下为需要掌握的知识点。

（1）初识字符串：字符串是文本数据在 Python 中的主要表示形式。学习字符串的基本概念，字符串是由字符组成的不可变序列，可以包含各种字符和控制字符。

（2）创建字符串：掌握在 Python 中创建字符串的多种方式，包括使用单引号、双引号、三引号以及字符串的转义字符。

（3）字符串的基本操作：深入研究字符串的基本操作，包括拼接、重复、索引、切片等。

（4）访问字符串中的元素：学会在 Python 中准确而高效地访问字符串中的元素。

（5）字符串的格式化：探讨多种字符串格式化的方法，包括操作符"％"、占位符"{ }"、format()方法和 F-strings。

（6）字符串方法：了解 Python 中丰富的字符串方法，包括查找子字符串、替换文本、转换大小写等。

（7）正则表达式：正则表达式作为一种强大的文本模式匹配工具，为处理复杂的字符串模式提供了高效的匹配技术。

◆ 本 章 习 题

一、判断题

1. 字符串在 Python 中是可变的数据类型。　　　　　　　　　　　　（　　）

2. 使用 find()方法查找子字符串时，若找到返回子字符串的索引；若找不到返回−1。

　　　　　　　　　　　　　　　　　　　　　　　　　　　　　　　（　　）

3. 在 Python 中，字符串格式化可以使用％操作符和 format()方法两种方式。（　　）

4. 元组是一种可变的序列，可以随意修改其中的元素。　　　　　　　（　　）

5. 正则表达式是一种用于编写模式匹配规则的文本字符串。　　　　　（　　）

二、选择题

1. 可以将字符串转换为全大写形式的方法是（　　　）。

　　A. upper()　　　　　B. capitalize()　　　　C. title()　　　　D. uppercase()

2．使用正则表达式查找所有以字母开头的单词的语句是（　　　　）。

  A．re.match(r'\b[A-Z]\w * ',text)

  B．re.words(r'\b[A-Z]\w * ',text)

  C．re.search(r'\b[A-Z]\w * ',text)

  D．re.findall(r'\b[A-Z]\w * ',text)

3．用于查找子字符串的第一个匹配位置的字符串方法是（　　　　）。

  A．search()   B．index()   C．find()   D．locate()

4．在字符串格式化中，既是推荐的方式，也是在较新版本的 Python 中引入的方式是（　　　　）。

  A．"％"操作符   B．format()方法

  C．string.Template   D．string.format

5．使用正则表达式将字符串中的所有数字替换为字母 X 的语句是（　　　　）。

  A．re.replace(r'\d','X',text)

  B．re.sub(r'\d','X',text)

  C．re.replace('\d','X',text)

  D．re.sub('\d','X',text)

三、编程题

1．星球邮政编码验证器。

在 Python 星球的字符串国家，有一个邮政编码验证器的国家，现有一个任务：验证邮政编码是否符合规范。邮政编码规范如下：

（1）必须包含 6 个字符；

（2）前三个字符必须是大写字母；

（3）后三个字符必须是数字。

要求：

（1）用户输入邮政编码；

（2）程序输出验证结果。

请编写一个程序，模拟这个星球的邮政编码验证器，接收用户输入的邮政编码并输出验证结果。

2．星际密码破解者。

在 Python 星球的字符串国家，有一支神秘的密码破解小队，现要破解一个星际密码。密码规则如下：

（1）密码是一个由字母和数字组成的字符串；

（2）字母和数字交替出现，且长度为偶数；

（3）字母部分按照字母表顺序排列，数字部分按照逆序排列。

要求：

（1）用户输入加密后的密码；

（3）程序输出解密后的密码。

……密码，解密并输出原始的星际密码。

……有一场有趣的字符串游戏。游戏规则如下：

……猜测字符串中的一个字母；

……分；如果猜错了，玩家扣除 5 分；

……一个字母，直到猜中字符串的全部字母或得分低于 0 分，

……游戏目标；

……和已猜中的字母。

……字符串游戏的过程。

◇ 拓展阅读

……算机和电信技术中，一个字符是一个单位的字形、类字形单

……单点，字符就是各种文字和符号的总称。一个字符可以是

……一个阿拉伯数字、一个标点符号、一个图形符号或者控制

……：指多个字符的集合。不同的字符集包含的字符个数不一样，

……编码方式也不一样。例如，GB2312 是中国国家标准的简体中

……化汉字（6763 个）及一般符号、序号、数字、拉丁字母、日文假名、

……音符号、汉语注音字母共 7445 个图形字符。而 ASCII 字符集

……符集收录的主要字符是英文字母、阿拉伯数字和一些简单的控制
字符。

另外，还有其他常用的字符集，包括 GBK 字符集、GB18030 字符集、Big5 字符集、Unicode 字符集等。

3. 字符编码（character encoding）：指一种映射规则，根据这个映射规则可以将某个字符映射成其他形式的数据，以便在计算机中存储和传输。例如，ASCII 字符编码规定使用单字节中低位的 7 个比特去编码所有的字符，在这个编码规则下，字母 A 的编号是 65（ASCII 码），用单字节表示就是 0x41，因此写入存储设备时就是二进制的 01000001。每种字符集都有自己的字符编码规则，常用的字符集编码规则还有 UTF-8 编码、GBK 编码、Big5 编码等。

（链接来源：https://zhuanlan.zhihu.com/p/260192496）

（二）字符串处理库

函数名称	函数功能说明
lower()	将字符串转换为小写
upper()	将字符串转换为大写
len()	得出字符串的长度
strip()	去除字符串两边的空格（包含换行符）
split()	用指定的分隔符分割字符串
cat(sep="")	用给定的分隔符连接字符串元素
get_dummies()	返回一个带有独热编码值的 DataFrame 结构
contains(pattern)	如果子字符串包含在元素中，则为每个元素返回一个布尔值 True，否则为 False
replace(a,b)	将值 a 替换为值 b
count(pattern)	返回每个字符串元素出现的次数
startswith(pattern)	如果 Series 中的元素以指定的字符串开头，则返回 True
endswith(pattern)	如果 Series 中的元素以指定的字符串结尾，则返回 True
findall(pattern)	以列表的形式返回出现的字符串
swapcase()	交换大小写
islower()	返回布尔值，检查 Series 中组成每个字符串的所有字符是否都为小写
issupper()	返回布尔值，检查 Series 中组成每个字符串的所有字符是否都为大写
isnumeric()	返回布尔值，检查 Series 中组成每个字符串的所有字符是否都为数字
repeat(value)	以指定的次数重复每个元素
find(pattern)	返回字符串第一次出现的索引位置

（链接来源：https://pythonjishu.com/pandas-7-str-method/）

（三）搜索引擎中的字符串

1. 模糊搜索，又称模糊查询，在搜索引擎中一般指在用户搜索意图不明确时，搜索引擎将用户的查询（query）与待检索的内容（doc）进行模糊匹配，找出与查询相关的内容。例如，查询名字 Smith 时，模糊查询方式就会找出与之相似的 Smithe、Smythe、Smyth、Smitt 等。这在克服无结果搜索时尤其有用。注意，本书讨论的模糊搜索特指查询 query 与待检索内容在文本字符串物理词形上的相似，语义相似的模糊查询不在讨论范围内。

2. 拼写纠错，又称拼写检查功能，在搜索引擎中一般指的是用户将查询的关键词提交给搜索引擎之后，搜索引擎便开始分析用户的输入，检查用户的拼写是否有错误，如果有错误，则给出正确的拼写建议。例如，用户在搜索引擎检索框中输入 faeebook，搜索引擎能给出拼写纠错建议 facebook 等。

　　搜索引擎中,模糊搜索和拼写纠错问题本质上都是字符串文本相似匹配和度量问题。用户向搜索引擎输入了查询 query 字符串 a,如何在待检索内容全集中遍历每一个字符串 b,并迅速确定 a 和 b 是否相似,最终把所有与字符串 a 最相似的 topN 个字符串集合作为目标返回,供进一步扩展召回或作为纠错建议的基础就成为解决问题的关键。

　　3. 如何量化两个字符串之间的相似程度呢? 有一个非常著名的量化方法,那就是编辑距离(edit distance)。

　　编辑距离指的是将一个字符串转换成另一个字符串所需要的最少编辑操作次数(如增加一个字符、删除一个字符、替换一个字符)。编辑距离越大,说明两个字符串的相似程度越小;相反,编辑距离越小,说明两个字符串的相似程度越大。对于两个完全相同的字符串来说,编辑距离是 0。

　　编辑距离有多种不同的计算方式,比较著名的有莱文斯坦距离(Levenshtein distance)和最长公共子串长度(longest common substring length)。其中,莱文斯坦距离允许增加、删除、替换字符这三个编辑操作,最长公共子串长度只允许增加、删除字符这两个编辑操作。

　　一些主流的搜索引擎,如著名开源搜索引擎 Elastic Search,采用莱文斯坦距离方式,同时采用更进一步的 Damerau-Levenshtein 距离来度量字符串的相似程度,以此为搜索引擎中的模糊搜索和拼写纠错提供基础解决方案。

　　(链接来源:https://www.cnblogs.com/ludongguoa/p/15322323.html)

## 第 8 章

文件和文件夹操作

文件是长久保存信息的重要方式,也是交换信息的重要途径。Python 标准库 os、os.path 和 shutil 中提供了大量用于文件和文件夹操作的函数,例如文件复制、移动和重命名,以及文件夹的创建与删除等。本章内容将围绕这些内容展开。

本章学习目标

一、知识目标

1. 了解文件的概念及分类。

2. 掌握内置函数 open()的用法。

3. 了解 pickle、struct、shelve、marshal 等模块的用法。

4. 了解 python-docx、openpyxl 等扩展库的用法。

5. 掌握 os、os.path、shutil 标准库中常用函数的用法。

二、技能目标

1. 熟练运用 with 关键字。

2. 熟练掌握文件的打开、读取、写入以及关闭等操作。

三、情感态度与价值目标

1. 培养兴趣与好奇心。学习 Python 文件处理可以激发读者的兴趣和好奇心,因为这是探索如何在 Python 中管理数据和信息的重要一步。

2. 培养创造性与实践能力。通过练习和实践,读者可以运用文件处理技术来解决不同的问题,从而培养创造性思维和实践能力。

◇ 8.1 文件的概念及分类

记事本文件、日志文件、各种配置文件、数据库文件、图像文件、音频视频文件、可执行文件、Office 文档和动态链接库文件等都以不同的文件形式存储在各种存储设备(如磁盘、U 盘、光盘和云盘等)上。按数据的组织形式可以把文件分为文本文件和二进制文件两大类。

8.1.1 文本文件

文本文件存储的是常规字符串,由若干文本行组成,每行以换行符'\n'结尾。常规字符串是指记事本之类的通过文本编辑器能正常显示、编辑、直接阅读和理解的字符串,如英文字母、汉字、数字字符串和标点符号等。扩展名为 txt、log、ini、 c、cpp、py 和 pyw 的文件都属于文本文件,可以使用字处理软件,如 gedit、记事本和 ultraedit 等进行编辑。

8.1.2　二进制文件

常见的图形图像文件、音视频文件、可执行文件、资源文件、数据库文件和 Office 文档等都属于二进制文件。二进制文件无法用记事本或其他普通字处理软件直接进行编辑,通常也无法直接阅读和理解,需要使用正确的软件进行解码或反序列化之后才能正确地读取、显示、修改和执行。

◇ 8.2　文件操作基础知识

无论是文本文件还是二进制文件,其操作流程基本是一致的:首先打开文件并创建文件对象,然后通过该文件对象对文件内容进行读取、写入、删除和修改等操作,最后保存文件内容并关闭。

8.2.1　文件的打开与关闭

1. 文件的打开

一般 open()函数用于打开一个文件,并返回文件对象。该函数的基本语法如下所示:

```
open(file, mode='r', buffering=-1, encoding=None, errors=None, newline=None,
closefd=True, opener=None)
```

- file:文件路径或文件对象。
- mode:打开文件的模式。
- buffering:缓冲大小,0 表示无缓冲,1 表示行缓冲,大于 1 的数值表示缓冲区的大小。
- encoding:指定文件的编码,常用的有 utf-8 和 gbk 等。
- errors:指定编码错误的处理方式,常用的有 strict、ignore、replace 等。
- newline:指定换行符,常用的有 None 和\n 等。
- closefd:是否在文件关闭的同时关闭文件描述符。
- opener:自定义打开文件时的函数。

文件的常见模式如表 8-1 所示。

表 8-1　文件的常见模式

模式	描　述
r	以只读方式打开文件。文件必须存在
w	以写入方式打开文件。如果文件存在,则会删除文件内容;如果文件不存在,则会创建文件
a	以追加方式打开文件。数据会被添加到文件末尾。如果文件不存在,则会创建文件
r+	以读/写方式打开文件。文件必须存在
w+	以读/写方式打开文件。如果文件存在,则会删除文件内容;如果文件不存在,则会创建文件

续表

模式	描　　述
a+	以读/追加方式打开文件。如果文件不存在,则会创建文件
rb	以二进制格式打开一个文件用于只读。文件指针将会放在文件的开头
wb	以二进制格式打开一个文件用于写入。如果该文件已存在,则内容会被清空;如果该文件不存在,则创建新文件
ab	以二进制格式打开一个文件用于追加。如果该文件已存在,则文件指针将会放在文件的结尾。也就是说,新的内容将会被写到已有内容之后;如果该文件不存在,则创建新文件进行写入

2. 文件的关闭

一般 close()方法用于关闭文件,它是文件对象的方法,可以通过调用文件对象的 close()方法来关闭已经打开的文件。关闭文件后,就不能再对该文件进行读取或写入操作。该函数的语法如下所示:

```
file_object.close()
```

其中,file_object 是已经打开的文件对象。

8.2.2　文件的读写

在 Python 中,可以使用以下函数读写文件中的内容。

1. read()方法

一般 read()方法用于从文件中读取指定的字节数或全部内容。如果不提供参数,则会读取整个文件。该函数的语法如下所示:

```
with open('指定文件路径')as file:
    content =file.read()
    print(content)
```

2. readline()方法

一般 readline()方法用于读取文件的一行。每次调用时都会读取文件中的下一行。该函数的语法如下所示:

```
file_path ="指定文件路径"
with open(file_path, "r")as file:
    line =file.readline()
    while line:
        print(line)
        line =file.readline()
```

3. readlines()方法

一般 readlines()方法用于读取文件的所有行,并返回一个包含所有行的列表。该函数的语法如下所示:

```
file_path ="指定文件路径"
with open(file_path, "r")as file:
    lines =file.readlines()
    for line in lines:
    print(line)
```

4. flush()方法

一般 flush()方法用于刷新文件缓冲区,并将缓冲区的数据立即写入文件。该函数的语法如下所示:

```
file =open('指定文件路径', 'w')
file.write('Hello,World!')
file.flush()
file.close()
```

5. seek()方法

一般 seek()方法用于移动文件指针到指定位置。该函数的语法如下所示:

```
file_object.seek(offset, whence)
```

- offset:偏移量,可以为正数或负数。
- whence:可选参数,表示偏移相对位置。0 表示从文件开头开始偏移,1 表示从当前位置开始偏移,2 表示从文件末尾开始偏移。

6. tell()方法

一般 tell()方法用于获取文件指针的当前位置。该函数的语法如下所示:

```
#以读取模式打开文件
file =open("指定文件路径", "r")
#读取第一行文本内容
line =file.readline()
#获取当前文件指针位置
position =file.tell()
#打印指针位置
print("Current position:", position)
#关闭文件
file.close()
```

◆ 8.3 二进制文件操作

对于二进制文件,不能使用记事本或其他文本编辑软件直接对其进行读写,也不能通过 Python 的文件对象直接读取和理解二进制文件的内容。必须正确理解二进制文件的结构和序列化规则,然后设计正确的反序列化规则,才能准确地理解二进制文件内容。

所谓序列化,简单地说就是把内存中的数据在不丢失其类型信息的情况下转换成二进制形式的过程,对象序列化后的数据经过正确的反序列化过程应该能够准确无误地恢复为原来的对象。Python 中常用的序列化模块有 struct、pickle、shelve 和 marshal。

8.3.1 使用 struct 模块读写二进制文件

一般 struct 模块在 Python 中用于处理二进制数据,可以实现二进制数据的打包(pack)和解包(unpack),通常用于与 C 语言中的结构体进行交互及处理二进制文件格式。

例 8.1 现在有一个名字为"四级高频单词"的二进制文件,请设计程序,使用 struct 模块来写入和读取二进制文件。

引导 Copilot 创建的代码如图 8-1 所示。

```python
import struct
# 写入数据到二进制文件
data = [1, 2, 3, 4, 5]
with open("四级高频单词.bin", "wb") as file:
    for value in data:
        binary_data = struct.pack(_fmt: "i", *v: value)
        file.write(binary_data)
# 从二进制文件中读取数据
read_data = []
with open("四级高频单词.bin", "rb") as file:
    while True:
        binary_data = file.read(4)
        if not binary_data:
            break
        value = struct.unpack(_format: "i", binary_data)[0]
        read_data.append(value)
print(read_data)
```

图 8-1   struct 模块

使用 write()方法将二进制数据写入文件，使用 read()方法从文件中读取二进制数据。

8.3.2   使用 pickle 模块写入二进制文件

一般 pickle 模块用于将 Python 对象序列转换为二进制数据（pickling）或将二进制数据反序列化为 Python 对象（unpickling）。可以使用 pickle.dump()将对象写入二进制文件，以及使用 pickle.load()从二进制文件中读取对象。

例 8.2   现在有一个名字为"坤坤的一周安排"的二进制文件，请使用 pickle 模块写入和读取二进制文件。

引导 Copilot 创建的代码如图 8-2 所示。

```python
import pickle
# 写入二进制文件
data = {"Monday": "Study", "Tuesday": "Work", "Wednesday": "Gym",
        "Thursday": "Meeting", "Friday": "Relax"}
filename = "坤坤的一周安排.pickle"
with open(filename, "wb") as file:
    pickle.dump(data, file)
# 读取二进制文件
with open(filename, "rb") as file:
    loaded_data = pickle.load(file)

print(loaded_data)
```

图 8-2   pickle 模块

在例 8.2 中，使用 pickle.dump()将数据对象写入二进制文件。参数'wb'表示以二进制写入模式打开文件。使用 pickle.load()从二进制文件中读取对象。pickle 模块对于序列化和反序列化 Python 对象非常有用，但要注意的是，它不适用于所有类型的对象，尤其是一些特殊的对象或包含文件句柄等不可序列化的内容的对象。在处理大型二进制数据集时，也可能要考虑性能和存储大小的问题。

8.3.3　使用 shelve 模块操作二进制文件

一般 shelve 模块是 Python 中用于持久化存储对象的简单数据库工具，它使用 pickle 模块来序列化对象，并提供了一个字典样式的接口。shelve 模块允许在一个文件中存储和检索 Python 对象，而无须手动进行序列化和反序列化的操作。

例 8.3　有一个名字为"坤坤的一天安排"的二进制文件，内容有早上起床、上午上课、中午吃午饭、下午学习和晚上休息，请设计程序，使用 shelve 模块进行二进制文件的读写操作。

引导 Copilot 给出的代码如图 8-3 所示。

```python
import shelve
# 打开二进制文件
with shelve.open( filename: "坤坤的一天安排",  flag: "w") as file:
    # 写入数据
    file["早上"] = "起床"
    file["上午"] = "上课"
    file["中午"] = "吃午饭"
    file["下午"] = "学习"
    file["晚上"] = "休息"
# 打开二进制文件
with shelve.open( filename: "坤坤的一天安排",  flag: "r") as file:
    # 读取数据
    morning = file["早上"]
    afternoon = file["下午"]
    evening = file["晚上"]
    print("早上的安排:", morning)
    print("下午的安排:", afternoon)
    print("晚上的安排:", evening)
```

图 8-3　shelve 模块

在例 8.3 中，使用 shelve.open()打开一个 shelf 文件，可以通过指定文件名来创建或打开 shelf 文件。shelve 模块提供了一个类似字典的接口，可以方便地进行读写操作。请注意，shelf 文件会在使用 with shelve.open()语句时自动关闭，以确保数据被正确保存。

8.3.4　使用 marshal 模块操作二进制文件

marshal 模块用于将 Python 对象序列化为一种 Python 特定的二进制格式，并可以反序列化为 Python 对象。marshal 模块不同于 pickle 模块，因为其生成的二进制数据是特定于 Python 版本的，而不是跨版本兼容的。因此在使用 marshal 模块时必须确保在相同的 Python 版本之间进行数据的传输和读写。

例 8.4　有一个文件，包含内容 name：Alice，age：25，请使用 marshal 模块将数据写入二进制文件并从中读取。

引导 Copilot 给出的代码如图 8-4 所示。

```
import marshal
data = {'name': 'Alice', 'age': 25}

# 将数据写入二进制文件
with open('data.bin', 'wb') as f:
    marshal.dump(data, f)

# 从二进制文件中读取数据
with open('data.bin', 'rb') as f:
    loaded_data = marshal.load(f)

print(loaded_data)  # 输出: {'name': 'Alice', 'age': 25}
```

图 8-4　marshal 模块

在例 8.4 中，使用 marshal.dumps()将数据对象转换为二进制格式。使用 marshal.loads()将二进制数据反序列化为 Python 对象。需要注意的是，marshal 模块的目标是将 Python 对象序列化为 Python 特定的二进制格式，而不是在不同语言之间传递数据。如果需要跨语言的序列化和反序列化，通常应使用更通用的格式，如 JSON 或 MessagePack。

◈ 8.4　Excel 与 Word 文件的操作案例

8.4.1　使用扩展库 openpyxl 读写 Excel 文件

使用扩展库 openpyxl 可以帮助程序员方便地读写 Excel 文件。
首先，需要安装 openpyxl 库，可以使用以下命令：

```
pip install openpyxl
```

然后，可以使用以下示例代码读取和写入 Excel 文件：

```python
from openpyxl import load_workbook
#打开 Excel 文件
workbook =load_workbook(filename='path/to/excel/file.xlsx')
#选择工作表
sheet =workbook.active
#读取单元格数据
cell_value =sheet['A1'].value
#打印单元格数据
print(cell_value)
#关闭 Excel 文件
workbook.close()
```

8.4.2　记事本文件转换为 Excel 文件

将记事本文件（txt）转换成 Excel 文件可以通过 Python 中的 openpyxl 库实现，如下所示：

```python
import openpyxl
#打开记事本文件
with open('test.txt','r')as file:
```

```
#读取记事本文件内容
content =file.readlines()
#创建一个新的 Excel 工作簿
workbook =openpyxl.Workbook()sheet =workbook.active
#将文件内容写入 Excel 工作簿
for i,line in enumerate(content):
sheet.cell(row=i+1,column=1,value=line.strip()
)#保存 Excel 文件
workbook.save('output.xlsx')
```

8.4.3 输出 Excel 文件单元格中公式的计算结果

要在 Excel 文件中输出单元格中公式的计算结果,可以使用 openpyxl 库的 data_only
参数,这个参数在加载工作簿时,可以指定是否计算公式并显示结果。

引导 Copilot 给出的代码如图 8-5 所示。

```
import openpyxl
# 加载Excel文件
workbook = (openpyxl.load_workbook
('/c:/Users/Choco/Desktop/python/实验.xlsx'))
# 选择工作表
worksheet = workbook.active
# 遍历单元格并计算公式结果
for row in worksheet.iter_rows():
    for cell in row:
        if cell.data_type == 'f':   # 检查单元格是否包含公式
            cell.value = cell.value   # 计算公式并更新单元格的值
# 保存修改后的Excel文件
workbook.save('/c:/Users/Choco/Desktop/python/实验.xlsx')
```

图 8-5 输出 Excel 文件单元格中公式的计算结果

8.4.4 检查 Word 文档中的连续重复字

如果要检查 Word 文档中的连续重复字,可以使用 Python 中的 python-docx 库来读取
Word 文档并进行分析。

首先,确保已经安装了 python-docx 库,如下所示:

```
pip install python-docx
```

然后,使用以下代码检查连续重复字:

```
def check_duplicate_chars(word):
    for i in range(len(word)-1):
        if word[i]==word[i+1]:
            return True
    return False
def find_duplicate_chars_in_document(document):
    duplicates =[]
    words =document.split()
    for word in words:
```

```
        if check_duplicate_chars(word):
    duplicates.append(word)
    return duplicates
#示例用法
document = (这是一个测试文档,包含一些连续重复的单词,比如好好学习,天天向上。)
duplicates =find_duplicate_chars_in_document(document)
print(duplicates)
```

8.4.5　提取 Word 文档中的例题、插图和表格清单

如果要提取 Word 文档中的例题、插图和表格清单，可以使用 python-docx 库来解析 Word 文档的内容。

下面展示了如何查找和提取文档中的例题、插图和表格清单，代码如下所示：

```
from docx import Document
#安装 python-docx 库
#pip install python-docx
def extract_examples(document):
    example_list =[]
    for paragraph in document.paragraphs:
        if '例题' in paragraph.text:
            example_list.append(paragraph.text)
    return example_list
def extract_images(document):
    image_list =[]
    for paragraph in document.paragraphs:
        for run in paragraph.runs:
            if run._element.tag.endswith('drawing'):
                image_list.append(run._element)
    return image_list
def extract_tables(document):
    table_list =[]
    for table in document.tables:
        table_list.append(table)
    return table_list
#加载文档
doc_path ='/path/to/your/document.docx'
document =Document(doc_path)
#提取例题
example_list =extract_examples(document)
print("例题: ")
for example in example_list:
    print(example)
#提取插图
image_list =extract_images(document)
print("插图: ")
for image in image_list:
    print(image)
```

```
#提取表格清单
table_list =extract_tables(document)print("表格清单: ")
for table in table_list:
    print(table)
```

◆ 8.5 os 模块

Python 标准库 os、os.path 和 shutil 中提供了大量用于文件和文件夹操作的函数。一般 os 模块的常用函数如表 8-2 所示。

表 8-2　os 模块的常用函数

os 模块常用函数	功 能 描 述
os.name()	返回字符串,表示正在使用的平台。通常是'posix'或'nt'
os.getcwd()	返回当前工作目录的字符串
os.chdir(path)	改变当前工作目录到指定的路径
os.listdir(path='.')	返回指定目录下的所有文件和目录的列表
os.mkdir(path)	创建目录
os.makedirs(path)	递归创建多层目录
os.remove(path)	删除文件
os.rmdir(path)	删除目录
os.removedirs(path)	递归删除目录
os.rename(src,dst)	重命名文件或目录

os 模块是 Python 中与操作系统进行交互的模块,它提供了许多与操作系统相关的功能。以下是 os 模块的一些基本用法。

(1) 获取当前工作目录,如下所示:

```
import os
current_dir =os.getcwd()
print(current_dir)
```

(2) 更改当前工作目录,如下所示:

```
import os
#获取当前工作目录
current_dir =os.getcwd()
print("当前工作目录: ",current_dir)
#更改当前工作目录
new_dir ="/path/to/new/directory"
os.chdir(new_dir)
#再次获取当前工作目录
updated_dir =os.getcwd()
print("更新后的工作目录: ",updated_dir)
```

（3）列出目录中的文件和子目录，如下所示：

```python
import os
def list_files_and_directories(path):
    for item in os.listdir(path):
        item_path = os.path.join(path, item)
        if os.path.isfile(item_path):
            print(f"File:{item}")
        elif os.path.isdir(item_path):print(f"Directory:{item}")
#Example usage
list_files_and_directories('.')
```

（4）创建目录，如下所示：

```python
import os
#创建目录
os.mkdir("my_directory")
```

（5）删除目录，如下所示：

```python
import os
#删除目录
os.rmdir("目录路径")
```

（6）删除文件，如下所示：

```python
import os
#删除文件
os.remove("filename.txt")
```

8.5.1　os.path 模块

os.path 模块提供了大量用于路径判断、切分、连接以及文件夹遍历的方法。

os.path 模块的常用成员如表 8-3 所示。

表 8-3　os.path 模块的常用成员

os.path 模块常用成员	功 能 描 述
os.path.join(path, * paths)	将多个路径组合成一个路径。可以用于构建跨平台的路径
os.path.abspath(path)	返回路径的绝对路径表示形式
os.path.basename(path)	返回路径中的文件名部分
os.path.dirname(path)	返回路径中的目录部分
os.path.exists(path)	检查路径是否存在
os.path.isfile(path)	检查路径是否为一个文件
os.path.isdir(path)	检查路径是否为一个目录
os.path.split(path)	将路径分割成目录和文件名两部分，返回一个元组

Python 中的 pathlib 模块提供了更简洁、更面向对象的方式来处理文件路径，如表 8-4 所示。

表 8-4　pathlib 模块的常用成员

pathlib 模块常用成员	功 能 描 述
path 类	path 类是 pathlib 的核心,用于表示文件系统路径,可以使用它进行各种路径操作
resolve()	返回路径的绝对路径表示形式
.name 和 .parent	用于获取路径中的文件名和父目录
.exists()、.is_file()、.is_dir()	用于检查路径是否存在,是否为文件或目录
.iterdir():	用于迭代目录中的内容,返回包含子目录和文件的迭代器
.with_name(name)、.with_suffix(suffix)	用于更改文件名或后缀
.joinpath(* paths)	用于连接多个路径

8.5.2　shutil 模块

shutil 模块提供了大量的方法来支持文件和文件夹操作,如表 8-5 所示。

表 8-5　shutil 模块的常用成员

shutil 模块常用成员	功 能 描 述
shutil.copy(src,dst)	将文件从源路径复制到目标路径
shutil.copy2(src,dst)	类似于 shutil.copy(),但会尽量保留源文件的元数据(如修改时间)
shutil.copytree(src,dst)	递归地将整个目录从源路径复制到目标路径
shutil.move(src,dst)	将文件或目录从源路径移动到目标路径,也可用于重命名
shutil.rmtree(path)	递归地删除整个目录及其内容
shutil.rmtree(path,ignore_errors = False,onerror＝None)	递归地删除整个目录及其内容,可选择是否忽略错误,可以通过 onerror 参数指定自定义的错误处理函数
hutil.make_archive(base_name,format,root_dir＝None,base_dir＝None)	创建归档文件(如 zip 或 tar 文件)
shutil.unpack_archive(filename,extract_dir＝None,format＝None)	解压归档文件

shutil 模块是 Python 中用于文件操作的标准库,提供了一些方便的函数,用于复制、移动、删除文件或目录等操作。以下是 shutil 模块的一些基本用法。

(1)复制文件,如下所示:

```
import shutil
#源文件路径
src_file ="path/to/source/file.txt"
#目标文件路径
dst_file="path/to/destination/file.txt"
```

```
#使用 shutil 模块复制文件
shutil.copy(src_file,dst_file)
```

（2）复制目录，如下所示：

```
import shutil
#源目录
src_dir ='/path/to/source_directory'
#目标目录
dst_dir ='/path/to/destination_directory'
#复制目录
shutil.copytree(src_dir,dst_dir)
```

（3）移动文件或目录，如下所示：

```
import shutil
#移动文件
shutil.move(src:'source_file_path',dst:'destination_file_path')
#移动目录
shutil.move(src:'source_directory_path',dst:'destination_directory''_path')
```

（4）删除文件，如下所示：

```
import shutil
#文件路径
file_path ="path/to/file"
#判断文件是否存在
if os.path.exists(file_path):
    #删除文件
    os.remove(file_path)
    print("文件删除成功")
else:
    print("文件不存在")
```

（5）删除目录，如下所示：

```
import shutil
#要删除的目录路径
dir_path ="目录路径"
#删除目录
shutil.rmtree(dir_path)
```

◆ 8.6 综合案例解析

把指定文件夹中的所有文件名批量随机化，保持文件类型不变。

例 8.5 以下是一个关于如何使用 Python 对指定文件夹中的所有文件名进行批量随机化的示例代码。这个示例代码会保持文件类型不变，只是随机地重新命名文件，不会改变文件内容。

引导 ChatGPT 创建的代码，如图 8-6 所示。

```python
import os
import random
import string

def randomize_filenames(folder_path):
    # 检查文件夹路径是否存在
    if not os.path.exists(folder_path):
        print("指定的文件夹路径不存在。")
        return

    # 获取文件夹中的所有文件名
    files = os.listdir(folder_path)

    # 循环处理每个文件
    for file_name in files:
        # 构建文件的完整路径
        file_path = os.path.join(folder_path, file_name)

        # 检查路径是否为文件
        if os.path.isfile(file_path):
            # 获取文件的扩展名

file_extension = os.path.splitext(file_name)[1]

# 生成一个随机的新文件名（不包括扩展名）
random_name = ''.join(random.choices(string.ascii_letters + string.digits, k=10))

# 构建新的文件路径
new_file_path = os.path.join(folder_path, random_name + file_extension)

try:
    # 重命名文件
    os.rename(file_path, new_file_path)
    print(f"文件 {file_name} 已重命名为 {random_name + file_extension}")
except Exception as e:
    print(f"重命名文件 {file_name} 失败: {e}")

# 指定要处理的文件夹路径
folder_path = "指定文件夹路径"

# 调用函数进行文件名随机化
randomize_filenames(folder_path)
```

图 8-6　引导 ChatGPT 创建的代码

在例 8.5 中，程序首先检查指定的文件夹路径是否存在，然后获取该文件夹中的所有文件名；接着对于每个文件名生成一个随机的新文件名（不包括扩展名）；最后使用 os.rename() 函数将文件重命名为新的文件名。

例 8.6　编写程序，统计指定文件夹的大小以及文件及子文件夹的数量。使用 Python

中的 os 模块编写一个程序,用于统计指定文件夹的大小、文件数量和子文件夹数量。

引导 Copilot 创建的代码,如图 8-7 所示。

```python
import os
# 1个用法
def get_folder_stats(folder_path):
    total_size = 0
    file_count = 0
    folder_count = 0

    for root, dirs, files in os.walk(folder_path):
        for file in files:
            file_path = os.path.join(root, file)
            total_size += os.path.getsize(file_path)
            file_count += 1

        for dir in dirs:
            folder_count += 1

    return total_size, file_count, folder_count

folder_path = "指定文件夹路径"
size, files, folders = get_folder_stats(folder_path)

print("文件夹大小:", size, "字节")
print("文件数量:", files)
print("子文件夹数量:", folders)
```

图 8-7　引导 Copilot 创建的代码

◈ 本 章 小 结

本章介绍了 Python 中的文件和文件夹操作。

(1) 文件作为计算机中存储数据的基本单位,分为文本文件和二进制文件两大类。文本文件包括常见的纯文本文件,而二进制文件则涵盖图像、音频、视频等多种格式。

(2) 可以对文件进行打开、读取、写入以及关闭等操作。

(3) struct、pickle、shelve 和 marshal 模块提供了对数据进行序列化和反序列化的强大工具,使得数据在不同程序之间的传递变得更加高效和方便。

(4) 学习使用扩展库 openpyxl 进行 Excel 文件的读写操作,将记事本文件转换成 Excel 文件,并在 Excel 文件中进行单元格中公式的计算操作。

(5) 引入 os 模块,通过该模块实现对文件和文件夹的管理,包括删除文件、创建文件夹等操作。

(6) 了解 shutil.rmtree()方法,该方法用于删除文件夹及其内容,为文件和文件夹的维护提供了强大的支持。

❖ 本 章 习 题

一、选择题

1. 用于打开一个文件,以供读取或写入的函数是(　　)。

　　A. open_file()　　　　　　　　　　　B. read_file()

　　C. write_file()　　　　　　　　　　　D. file_open()

2. 在 Python 中,用于读取整个文件内容的方法是(　　)。

　　A. read_all()　　　B. read_file()　　　C. readline()　　　D. read()

3. 用于删除一个文件夹及其内容的是(　　)。

　　A. rmdir()　　　　　　　　　　　　　B. delete_folder()

　　C. remove_directory()　　　　　　　　D. shutil.rmtree()

4. 下列选项中不是文件的分类的是(　　)。

　　A. 文本文件　　　B. 二进制文件　　　C. 图片文件　　　D. 程序文件

5. pickle 模块主要用于(　　)类型的操作。

　　A. 序列化和反序列化对象　　　　　　B. 创建图形界面

　　C. 执行系统命令　　　　　　　　　　D. 进行数据分析

二、判断题

1. 文件打开操作在完成后不需要关闭文件。　　　　　　　　　　　　　　(　　)

2. 文件打开操作可以使用 start 关键字。　　　　　　　　　　　　　　　(　　)

3. os 模块在 Python 中的主要作用是进行数据可视化处理。　　　　　　　(　　)

三、编程题

1. 读取一个 Python 源代码文件,显示除了以"#"开头的行以外的所有行,并打印输出"#"开头的行数。

2. 文件 t1.txt 中的内容如下:

```
a. 小红,22,13812346543,警察
b. 小白,23,13698763214,学生
c. 小黄,18,13565478921,运动员
```

利用文件操作,将其构造成以下数据类型,并输出到文件 t2.txt 中。

```
[{'id':'1','name':'小红','age':'22','phone':'13812346543','job':'警察'},{'id':
'2','name':'小白','age':'23','phone':'13698763214','job':'学生'},...]
```

❖ 拓 展 阅 读

　　漫游用户配置文件(roaming user profile)通常指的是将用户的个性化设置或配置信息存储在云端,以便用户在不同设备上能够保持一致的设置和体验。这种配置文件通常包含用户偏好、应用程序设置、自定义主题等信息。Python 可以实现漫游用户配置文件的功能,具体方法取决于所使用的云服务提供商及其 API,这是 Windows NT 家族操作系统中的一个概念,它允许一台计算机上的用户加入一个 Windows Server 域,从而在同一网络的任何

计算机上登录和访问自己的各项文档和获得一致的桌面体验（如工具栏位置、桌面设置等）。

自 Windows NT 3.1 以来的所有 Windows 操作系统在设计上都支持漫游配置文件。一般来说，一台独立计算机是将用户的文档、桌面项目、应用程序首选项以及桌面外观分为两部分存储于本地计算机，其中包括"可漫游"部分，另外还包含如网页浏览器缓存等项目的"临时"部分。Windows 注册表也做了类似的划分以支持漫游，系统（system）和本地计算机（local machine）配置单元保存在本地计算机，独立的用户单元 HKEY CURRENT USER 在设计上也支持漫游用户配置文件。

（链接来源：https://zh.wikipedia.org/wiki/％E6％BC％AB％E6％B8％B8％E7％94％A8％E6％88％B7％E9％85％8D％E7％BD％AE％E6％96％87％E4％BB％B6）

第9章

网络爬虫入门与应用

　　网络爬虫像是一只勤奋的蚂蚁,穿梭在互联网的大地上,寻找着网页中的每一颗信息蜜糖,从一个页面到另一个页面,把文字、图片和链接等信息装进口袋。Python 就像蚂蚁灵敏的触角,为爬虫程序提供了强有力的工具。Python 提供了许多用于编写爬虫程序的库,例如 urllib 库、requests 库、scrapy 库、BeautifulSoup4 库和 selenium 库等。本章将围绕这些内容展开介绍。

本章学习目标

一、知识目标

1. 掌握一定的 HTML 和 JavaScript 基础。

2. 掌握基本的网络编程概念。

3. 了解常用的互联网通信与传输协议。

4. 了解 Python 常见的爬虫程序开发标准库和拓展库。

二、技能目标

1. 能够使用 Python 中的标准库发送网络请求和获取网页内容。

2. 能够理解网页的内容布局,并能够根据需要定位所需数据的位置。

3. 能够独立设计和实现爬虫项目,从网页中抓取所需数据,并进行处理和存储。

三、情感态度与价值目标

1. 培养对数据获取和处理的兴趣和热情,增强解决实际问题的能力和信心。

2. 树立对合法爬虫行为的认识,遵守网络伦理和法律法规,维护良好的网络生态和个人隐私。

3. 培养勤奋、耐心和坚韧的品质,在面对爬虫程序编写过程中遇到的各种挑战时,能够持之以恒、不断学习和改进。

◆ 9.1　HTML 与 JavaScript

　　作为初学者,只需要掌握 HTML 基础即可,但对于一些高级的爬虫和特殊的网站,还需要坚实的 JavaScript 基础,这就像是一位资深游泳者可以运用所掌握的关键技巧和经验应对各种突发危险一样。因此,面对设立了反爬虫陷阱的网站,学习者需要细致地考虑各种可能存在的风险。

9.1.1 HTML 基础

在 HTML 语言中，几乎所有标签都是严格闭合的，由开始标签和结束标签构成，两者之间包含需要呈现在网页上的内容。当然，有几个特殊的标签不是闭合的，例如换行
。

以下是 HTML 的各类常用标签。

1. <h>标签

在 HMTL 代码中，<h>标签用于创建一个文本标题。从<h1>到<h6>，标题字号依次递减，代码如下。实际效果如图 9-1 所示。

```
<h1>标题一</h1>
<h2>标题二</h2>
<h3>标题三</h3>
```

图 9-1　代码和实际效果展示

2. <p>标签

在 HTML 代码中，<p>标签用来标识一个段落，如图 9-2 所示。

```
                        <p>一个段落</p>
```

图 9-2　<p>标签的作用

3. <a>标签

在 HTML 代码中，<a>标签用来标识超链接，但需要用户指定具体链接（通常由 href 属性来指定）和超链接的文本描述。图 9-3 所示的超链接在被点击以后会跳转至 bing 浏览器。

```
            <a href="https://www.bing.com">这是一个超链接</a>
```

图 9-3　<a>标签的作用

4. <img>标签

在 HMTL 代码中，<img>标签用来显示一个图像，并使用 src 属性指定图像的资源地址。src 属性就像一个在互联网上爬行的蚂蚁，可以根据指定位置捕捉到存放在这里的东西。当然，也可以使用本地文件，只需要明确路径即可，如图 9-4 所示。

```
    <img src="https://img-prod-cms-rt-microsoft-com.akamaized.net">
        <img src="IMG_20230907_104223.jpg">
```

图 9-4　<img>标签的作用

5. <table>、<tr>、<td>标签

在 HTML 代码中，<table>标签用来创建一个表格，而表格的表头、表行和单元格则分别由<th>、<tr>和<td>标签指定。

例 9.1　小明有很多玩具,一类是动物类,有小猫、小狗;另一类是汽车类,有轿车、卡车。请设计一个玩具分类网站。

分析如下:

(1) 首先需要一个容器<table>来容纳这些玩具;

(2) 分析玩具有哪几类,将同类玩具放在一对<tr></tr>标签中。

引导 Copilot 生成代码的指令如下:

//这里有很多玩具,一类是动物类,有小猫、小狗;另一类是汽车类,有轿车、卡车;请运用 HTML 语言设计一个表格为这些玩具分类

Copilot 生成的代码如下:

```html
<table border="1">
    <thead>
        <tr>
            <th>玩具类型</th>
            <th>玩具名称</th>
        </tr>
    </thead>
    <tbody>
        <tr>
            <td>动物类</td>
            <td>小猫</td>
        </tr>
        <tr>
            <td>动物类</td>
            <td>小狗</td>
        </tr>
        <tr>
            <td>汽车类</td>
            <td>轿车</td>
        </tr>
        <tr>
            <td>汽车类</td>
            <td>卡车</td>
        </tr>
    </tbody>
</table>
```

例 9.1 的运行结果如图 9-5 所示。

玩具类型	玩具名称
动物类	小猫
动物类	小狗
汽车类	轿车
汽车类	卡车

图 9-5　运行结果

6. <ul>、<ol>和<li>标签

在 HMTL 代码中,<ul>标签用来创建一个无序列表,<ol>标签用来创建有序列表,

<li>标签用来创建列表中的项。例如,用一个有序列表做一个简单的英语课本目录,代码如下:

```
<ol>
  <li>Unit1</li>
  <li>Unit2</li>
  <li>Unit3</li>
  <li>Unit4</li>
</ol>
```

又如,体育老师准备点名,需要确定班上的小红、小明、小李是否出勤,可以用一个无序列表做一个花名册,代码如下:

```
<ul>
  <li>小红</li>
  <li>小明</li>
  <li>小李</li>
</ul>
```

7. <div>标签

在 HTML 代码中,<div>标签用来创建一个块,其中可以包含其他标签。这个<div>标签就像国家版图,其中包含各个省、自治区,如<p>省、<h>自治区。而且<div>标签也可以相互嵌套。例如高新区属于南昌市,南昌市又属于江西省,层层嵌套。下面使用<div>标签来构建一个简单的地图。部分代码如下:

```
<div>
    <p>江西省</p>
    <div>
        <p>南昌市</p>
        <div>
            <p>高新区</p>
        </div>
    </div>
</div>
```

9.1.2 JavaScript 基础

JavaScript 是由客户端的浏览器解释执行的脚本语言,可以大幅提高网页的浏览速度和交互能力,它就像是中国传统文化皮影戏的表演者,指挥着各式各样的人偶向观众表演出一个个生动的故事。HTML 与 JavaScript 二者通力合作,可以为用户带来一场视觉盛宴。

1. 在网页中使用 JavaScript 代码的方式

HMTL 标签的事件属性可以直接嵌入 JavaScript 代码。如何理解事件属性,下面举个例子:一位皮影戏表演者正在表演宋江题反诗,如果孩子们想要看武松打虎,那么表演者就会迅速换上相应的场景和人物。这就是一个事件,它驱动表演者做出了对应的行为。

例 9.2 春节时期,小伙伴们会给彼此送上礼物以表示祝福。请使用 JavaScript 编写一个打包春节礼物的程序,点开礼盒即可看见精美的礼物。

分析如下:

（1）首先准备一个礼盒图片以及一个礼物图片；

（2）使用一段 JavaScript 代码设置一个 onclick 属性，点击礼盒图片后立即跳转至礼物图片。

引导 Copilot 生成代码的指令如下：

```
//使用 JavaScript 打包一个礼物,脚本代码嵌入 HTML 代码。准备一个礼盒图片,以及一个礼物
  图片,打开这个礼盒就看到里面的礼物
```

Copilot 生成的代码如下：

```
<body>
    <img id="box" src="path_to_your_gift_box_image" onclick="openBox()" alt=
"Gift Box">
    <img id="gift" src="path_to_your_gift_image" alt="Gift">

    <script>
        function openBox() {
            document.getElementById('box').style.display = 'none';
            document.getElementById('gift').style.display = 'block';
        }
    </script>
</body>
```

2. 常用 JavaScript 事件

JavaScript 代码的作用实际上是在网页上"变魔术"，即控制网页的行为逻辑。嵌入 HTML 代码的 JavaScript 代码称为内置脚本，大多用于实现单一逻辑功能。但是在应对大型场景时，嵌入过多的 JavaScript 代码会给网站的后期维护带来很多麻烦。而使用外部 JavaScript 文件可以避免这一问题，这体现了代码的模块化，可以大幅提升开发效率与代码可维护性。

常用的 JavaScript 事件有 onload、onclick 和 onkeypress 等。

例 9.3　电影《绿野仙踪》的主角桃乐茜在神奇的世界里会遭遇很多事件，并产生许多神奇的效果，如弹出小窗、弹出提示框和弹出警告框等。请使用 JavaScript 代码实现弹出提示框的效果。

分析如下：

（1）使用 JavaScript 事件 onload、onclick 和 onkeypress 等；

（2）每一个事件都对应着一个 JavaScript 代码块，以驱动不同的效果呈现。

引导 ChatGPT 生成代码的指令如下：

```
//主角在神奇的世界中探索。她触发的 JavaScript 事件有 onload、onclick 和 onkeypress
等,可以实现弹出提示框的效果。请使用 JavaScript 代码实现该效果
```

ChatGPT 生成的代码如下：

```
<body>
<script>
//当页面加载完成时,弹出提示框
window.onload = function()
    alert("Welcome to the magical world of exploration!");
```

```
};

//当用户点击页面时,弹出提示框
document.onclick = function() {
    alert("You clicked the page!");
};

//当用户按下键盘按键时,如果是空格键,则弹出提示框
document.onkeypress = function(event) {
    //获取事件对象
    event = event || window.event;
    //检查按下的键是否为空格键(键的码值为 32)
    if (event.keyCode === 32) {
        alert("You pressed the spacebar!");
    }
};
</script>

</body>
```

例 9.3 的运行结果图 9-6 所示。

图 9-6 例 9.3 的运行结果

3. 常用的 JavaScript 对象

JavaScript 中的常用对象有 navigator、window、location、document、history、images 和 form 等。其中,window 和 document 是两个重要对象。window 对象代表浏览器的整个窗口,提供了对浏览器窗口确认控制和管理的功能,包括浏览器的大小、位置和导航历史等。而 document 对象则代表当前窗口或标签页中加载的文档,提供了对文档内容访问和操作的功能,包括 DOM 结构、元素节点以及文档的属性和方法等。

使用 window 对象代表整个浏览器窗口,它可以视为所有对象的顶层对象,会在<body>或<frameset>每次出现时自动创建,因此在同一窗口中访问其他对象时,可以省略前缀 window。像 alert()这样的方法实际上是 window 对象的方法之一。除此之外,还有很多其

他方法,如 confirm()、open()、prompt()、setInterval()、focus()、home()、close()、back()、forward()等。

JavaScript 的 document 对象标识当前 HTML 文件,可以访问页面上的所有元素,常用的方法有 write()、getElementById()等。

例 9.4 老师在教室里放置了几个留言箱,每个箱子都有对应的 ID,如"数学""语文""英语"等。同学们可以将自己对学科的建议写在小纸条上并放入留言箱。老师根据留言箱的 ID 即可获取指定学科的建议,以此了解学生的学习情况。请根据 HTML 标签的 ID 属性,编写代码,运用 JavaScript 的 document 对象获取不同留言箱内的信息。

分析如下:

(1) 每个留言箱标签对应的 ID 各不相同,document 对象可借此区分不同学科。

(2) 运用 getElementById()方法获取指定 ID 对应的标签内的文本信息。

引导 Copilot 生成代码的指令如下:

```
//教室有几个留言箱,document 对象根据它们的 ID,如"数学""语文""英语",读取对应标签中的
  学生建议。请用完整的代码实现它
```

Copilot 生成的代码如下:

```html
<body>
    <div id="数学">这是数学留言箱中的建议...</div>
    <div id="语文">这是语文留言箱中的建议...</div>
    <div id="英语">这是英语留言箱中的建议...</div>

    <script>
        var mathSuggestions = document.getElementById('数学').innerText;
        var chineseSuggestions = document.getElementById('语文').innerText;
        var englishSuggestions = document.getElementById('英语').innerText;

        console.log('数学留言箱中的建议: ' + mathSuggestions);
        console.log('语文留言箱中的建议: ' + chineseSuggestions);
        console.log('英语留言箱中的建议: ' + englishSuggestions);
    </script>
</body>
```

例 9.4 的运行结果可以在浏览器控制台查看,这里以浏览器 MicrosoftEdge 为例。

首先在页面上右击,找到"检查"选项并选择,如图 9-7 所示。

随后即可看到一个控制台选项,选择后即可看到 JavaScript 脚本运行结果,如图 9-8 所示。

当网页中包含<img>标签时,会自动建立一个 image 对象,网页中的图像可以通过 document 对象的 images 数组来访问,或者使用图像对象的名称进行访问。

截图	Ctrl+Shift+S
查看页面源代码	Ctrl+U
检查	

图 9-7 "检查"选项

例如,借助 onclick 事件和 img 属性,可以用代码实现"生气的河豚"图片访问功能,代码如下:

图 9-8 JavaScript 脚本运行结果

```
<body>
<h1>河豚的状态转换</h1>
<img src="一只小河豚"alt="河豚不生气"onclick="this.src='河豚生气了!';">
<p>点击河豚图片,体验河豚的两种不同状态!</p>
</body>
```

◇ 9.2 urllib 库的基本应用与爬虫案例

爬虫程序之所以拥有强大的信息抓取功能,在很大程度上依赖于它灵敏的"鼻子"。urllib 库就是爬虫程序最基本的嗅觉细胞。Python 标准库 urllib 提供了 urllib.request、urllib.response、urllib.parse 和 urllib.error 四个标准模块来实现基本的网页读取功能,结合 Python 的字符串方法和正则表达式,学习者可轻松完成一些简单的网页内容爬取工作。

Python 标准库 urllib.request 中的 urlopen()函数用于打开一个置顶的 URL。成功打开以后,可以像读取文本文件一样使用 read()方法读取网页上的数据。URL 像是信息数据的一种特殊"气味",爬虫程序可以根据这个来为自己导航,找到自己的数据"食物"。需要注意的是,该方法读取到的是二进制数据,还需要使用 decode()方法才能正确地解码。对于绝大部分网页内容来说,decode()方法默认的 UTF-8 编码格式是可以进行正确解码的。

例 9.5 天气总是阴晴不定,快速抓取当地的天气信息非常重要。请设计一个爬虫程序,从网站 http://www.weather.com.cn 获取指定地点的天气信息。

分析如下:

(1) 明确指定的天气网站为 http://www.weather.com.cn;

(2) 网站由服务器部署,需要先请求服务器的访问许可;

(3) 用获取到的 response 对象代替访问网站,并获取天气信息。

引导 ChatGPT 和 Copilot 生成代码的指令如下:

//请使用 Python 的 urllib 库设计一个爬虫程序,获取网站 http://www.weather.com.cn 的天气信息

分别引导 ChatGPT 和 Copilot 生成的代码如下。

(1) ChatGPT 生成的代码如下:

```
import urllib
def fetch_weather_data():
    url="http://www.weather.com.cn"
    try:
        response =urllib.request.urlopen(url)
```

```
        data =response.read().decode('utf-8')
        #处理获取到的天气数据
        process_weather_data(data)
    except urllib.error.URLError as e:
        print("Error fetching weather data:",e)
def process_weather_data(data):
    #在实际情况中,可能需要解析 JSON 或 HTML 数据来提取天气信息
    print("Weather Data:\n",data)
```

（2）Copilot 生成的代码如下：

```
import urllib.request
from html.parser import HTMLParser

class MyHTMLParser(HTMLParser):
    def handle_data(self, data):
        if '℃' in data:
            print(data)


url = 'http://www.weather.com.cn'
response = urllib.request.urlopen(url)
html = response.read().decode('utf-8')


parser = MyHTMLParser()
parser.feed(html)
```

对比两种 AI 工具给出的代码，其核心都是 response.read().decode('utf-8')方法。区别在于 ChatGPT 包含 try-except 块处理网页内容爬取失败的异常情况，而 Copilot 则包含使用关键符号"℃"获取更为精确的天气数据。

程序运行结果如图 9-9 所示。

```
<link rel="dns-prefetch" href="http://i.tq121.com.cn" />
<meta charset="utf-8" />
<title>天气网</title>
<link rel="icon" href="http://www.weather.com.cn/m2/i/favicon.ico?v=3" type="image/x-icon" />
<meta name="keywords" content="天气预报,天气,天气预报查询一周,天气预报15天查询,天气预报40天查询,北京天气,天气在线,气候,气象" />
<meta name="description" content="官方权威发布天气预报,逐三小时天气预报,提供天气预报查询一周,天气预报15天查询,天气预报40天查询,天气资讯,空气质量,生活指数,旅游出行,交通天气等查询服务" />
<meta name="tencent-site-verification" content="165ef98c075a60fb9bfc853a47dbd4e4"/>
<script type="text/javascript" src="https://j.i8tq.com/weather2020/weatherMap/wyJsonList.js"></script>
```

(a) ChatGPT

```
D:\AIProject\Expirements\.venv\Scripts\python.exe D:\AIProject\Expirements\try5.py
北京今天最高气温11℃ 明天冷空气到场大部有小雨
```

(b) Copilot

图 9-9　运行结果

对于动态网页，经常需要用户输入并提交参数。常用的提交参数的方式有 GET 和 POST。Python 标准库 urllib.parse 中提供的 urlencode()函数可以用来对用户提交的参数进行编码，然后通过不同的方式传递给 urlopen()函数，发起网页 HTTP 请求。

例 9.6　中国诗词文化博大精深，为了深入了解诗词的写作背景等信息，请设计一个爬虫程序爬取百科文库网站 https://zh.wikipedia.org/zh-cn 的相关信息。

分析如下:

(1) 明确百科文库网站为 https://zh.wikipedia.org/zh-cn;

(2) 构建查询诗词的 URL,通过 GET 方法向服务器发送请求;

(3) 通过 request()方法获取 response 对象,并抓取指定信息。

引导 ChatGPT 生成代码的指令如下:

//使用 Python 的 urllib 库设计一个爬虫程序,获取网站 https://zh.wikipedia.org/zh-cn 上指定诗词的信息

ChatGPT 生成的代码如下:

```python
import urllib.request
import urllib.parse


def fetch_poem_info(title):
    # 目标网站 URL
    title = urllib.parse.quote(title)
    url = f"https://zh.wikipedia.org/wiki/{title}"
    try:
        # 发送 HTTP 请求
        response = urllib.request.urlopen(url)
        # 读取网页内容
        html_content = response.read()
        content = html_content.decode('utf-8')
        print(content)

    except Exception as e:
        print(f"发生异常: {e}")


poem_title = "春夜喜雨"          # 要获取的诗词标题
fetch_poem_info(poem_title)
```

程序运行结果如图 9-10 所示。

```
<p>好雨知时节, 当春乃发生。
</p><p>随风潜入夜, 润物细无声。
</p><p>野径云俱黑, 江船火独明。
</p><p>晓看红湿处, 花重锦官城。<sup id="cite_ref-:0_1-1" class="reference"><a href="#cite_note-:0-1">&#91;1&#93;</a></sup>
```

图 9-10 例 9.6 运行结果

当无法直接访问某个网站时,可以通过一个代理来间接地访问目标网站,它类似一个中转站,负责接收请求,并搭建和目标网站的特殊桥梁,以此将请求发送给目标网站并传回响应数据。具体实现需要使用 urllib.request 的一些特殊对象和方法。

urllib.request 模块中的代理设置功能允许通过代理服务器发送 HTTP 请求。代理服务器充当了客户端和目标服务器之间的中间人,它接收来自客户端的请求并将其转发给目标服务器,然后将目标服务器的响应返回给客户端。可以使用 ProxyHandler 类来指定代理服务器的地址和端口号。

9.3　scrapy 库爬虫案例

scrapy 库像一只爬行在互联网上的敏锐蜘蛛,可以帮助用户轻松地定义起始点、遍历链接和抓取数据。此外,scrapy 库还具有灵敏的感知能力,能够根据网页的结构进行自动识别并提取目标数据。

例 9.7　小明的变形金刚玩具不小心掉在地上,碎片布满了整个房间。请设计一个蜘蛛机器人程序收集碎片。

分析如下:

(1) 创建 scrapy 库爬虫文件 spiderSpiderRobot.py;

(2) 运用 scrapy 库的 spider 类创建自己的 SpiderRobot;

(3) 使用 SpiderRobot 类的方法收集碎片;

(4) 执行命令 scrapy crawl spiderSpiderRobot,运行 scrapy 爬虫程序。

引导 ChatGPT 生成代码的指令如下:

> //变形金刚的碎片布满房间,创建一个 scrapy 蜘蛛机器人 SpiderRobot,帮助爬取所有的碎片

ChatGPT 生成的代码如下:

```python
import scrapy

class SpiderRobot(scrapy.Spider):
    name = 'SpiderRobot'
    allowed_domains = ['your_target_domain.com']          #替换为目标网站的域名
    start_urls = ['https://your_target_domain.com/start_page']
                                                          #替换为目标网站的起始页面
    def parse(self, response):
        #在这里编写解析网页的代码
        #使用 XPath 或 CSS 选择器选择碎片的元素,并提取相关信息
        #示例: 提取标题
        titles = response.xpath('//h2/text()').extract()
        for title in titles:
            print("碎片标题:", title)
        #示例: 提取链接
        links = response.css('a::attr(href)').extract()
        for link in links:
            print("碎片链接:", link)
        #示例: 递归爬取下一个页面
        next_page = response.css('a.next-page::attr(href)').extract_first()
        if next_page:
            yield scrapy.Request(url=next_page, callback=self.parse)
```

例 9.8　请设计一个爬虫程序爬取天涯书库的《天龙八部》小说网页 https://www.tianyabook.com/shu/1004/310400.html 上的小说内容,并过滤广告等干扰信息。

分析如下:

(1) 创建 scrapy 爬虫文件 spiderNovelSpider.py;

（2）创建类 NovelSpider 爬取小说内容；

（3）解析爬取数据，并写入文本文件 novel.txt；

（4）在命令提示符环境中进入爬虫程序所在的目录，执行命令 scrapy runspider 运行 scrapy 爬虫程序。

引导 ChatGPT 生成代码的指令如下：

```
//创建一个 scrapy 爬虫程序 NovelSpider,爬取小说《天龙八部》,第一页 URL 为 https://www.
tianyabook.com/shu/1004/310400.html。注意过滤广告等干扰内容,并将其写入本地文件
novel.txt
```

ChatGPT 生成的代码如下：

```python
import scrapy

class NovelSpider(scrapy.Spider):
    name = 'NovelSpider'
    allowed_domains = ['tianyabook.com']
    start_urls = ['https://www.tianyabook.com/shu/1004/310400.html']
    def parse(self, response):
        #提取小说内容
        novel_content = response.css('div#content::text').extract()
        #过滤广告等干扰内容
        filtered_content = [line.strip() for line in novel_content if line.
strip() and '广告' not in line]
        #将内容写入本地文件
        with open('novel.txt', 'a', encoding='utf-8') as file:
            file.write('\n'.join(filtered_content))
        #示例：递归爬取下一页
        next_page = response.css('a#next::attr(href)').extract_first()
        if next_page:
            yield scrapy.Request(url=next_page, callback=self.parse)
```

程序运行完成之后，会在本地文件 novel.txt 中写入小说内容，如图 9-11 所示（注意：实际情况会随网站安全策略发生变动，相应的程序结构也需要升级以应对网站的安全防护）。

第一章 青衫磊落险峰行
天龙八部 作者：金庸 投票推荐 加入书签 留言反馈

百度搜索 天龙八部 天涯 或 天龙八部 天涯在线书库 即可找到本书最新章节．

青光闪动，一柄青钢剑倏地刺出，指向在年汉子左肩，使剑少年不等招用老，腕抖剑斜，剑锋已削向那汉子右颈。那中年汉子剑挡格，

两人剑法迅捷，全力相搏。

练武厅东坐着二人。上首是个四十左右的中年道姑，铁青着脸，嘴唇紧闭。下首是个五十余岁的老者，右手捻着长须，神情甚是得意。

眼见那少年与中年汉子已拆到七十余招，剑招越来越紧，兀自未分胜败。突然中年汉子一剑挥出，用力猛了，身子微微一幌，似欲摔跌，

便在这时，场中少年左手呼一掌拍出，击向那汉子后心，那汉子向前跨出一步避开，手中长剑蓦地圈转，喝一声，"着！"那少年左腿i

那长须老者满脸得色，微微一笑，说道，"东宗已胜了三阵，看来这'剑湖宫'又要让东宗再住五年了。辛师妹，咱们还须比下去么？"

这老者姓左，名叫子穆，是"无量剑"东宗的掌门。那道姑姓辛，道号双清，是"无量剑"西宗掌门。

图 9-11　例 9.8 运行结果

◆ 9.4　BeautifulSoup 对象用法简介

　　BeautifulSoup 对象可以"美化"爬虫数据的爬取过程,通过一种简单优雅的方式帮助用户更加轻松地找到 HTML 或 XML 文档中的特定标签、属性和文本内容。BeautifulSoup 对象还是一位身手敏捷的文档翻译官,它可以迅速而又准确地理解网页结构,将其转换为 Python 对象,使用户能够以编程的方式轻松地遍历和搜索文档中的元素。

1. 代码补全

　　在某些 HTML 代码中,有些标签对有可能会缺失,但一般不会影响浏览器读取其中包含的信息。但对于爬虫程序,残缺的 HTML 代码不会被识别和读取信息。BeautifulSoup 对象的引入很好地解决了这个问题。

　　1) 自动添加标签的用法

　　BeautifulSoup 对象可以为没有标签的 HTML 文本自动添加合适的标签。

　　例 9.9　小佳在维护酒店网络菜单网页代码时发现菜品"香煎鲈鱼"缺少必要的 HTML 标签。

```
#假设原始的 HTML 页面内容
html_content = """ <div class="menu-item">香煎鲈鱼</div> """
#文本"香煎鲈鱼"缺少<p></p>标签。
```

请运用 BeautifulSoup 对象设计一个程序,补全必要的标签。

分析如下:

(1) 从 bs4 库中导入 BeautifulSoup,创建 BeautifulSoup 对象;

(2) 检测缺失标签的文本,并为其补全;

(3) 返回补全之后的 HTML 代码。

引导 Copilot 生成代码的指令如下:

```
//酒店网络菜单中的菜品"香煎鲈鱼"没有包含必要的 HTML 标签,请使用 BeautifulSoup 对象为
它补全
```

Copilot 生成的代码如下:

```
from bs4 import BeautifulSoup
#创建 BeautifulSoup 对象
soup = BeautifulSoup(open('static/test01.html'), 'html.parser')
#创建新的 div 标签
new_div = soup.new_tag('div')
new_div.string = '香煎鲈鱼'
#将新的 div 标签添加到 HTML 文档的末尾
soup.append(new_div)
#打印更新后的 HTML
print(soup.prettify())
```

　　2) 指定 HTML 代码解析器的用法

　　如果爬虫程序需要爬取特定网站上的一篇文章,但是该网页的部分 HTML 代码缺失一些闭合标签,如</p>、</body>等,那么 BeautifulSoup 对象可以将这些缺失的标签自动

补齐。同时，针对标签的种类和复杂度，BeautifulSoup 对象还可以有针对性地使用不同的解析器，更加精确地定位 HTML 标签，示例代码如下：

```python
from bs4 import BeautifulSoup

html_content = """
<!DOCTYPE html>
<html>
<head>
    <title>BeautifulSoup Parser Example</title>
</head>
<body>
    <h1>Hello, BeautifulSoup!</h1>
    <p>This is a sample HTML document for parsing with BeautifulSoup.</p>
</body>
</html>
"""

#使用 html.parser 解析器
soup_html_parser = BeautifulSoup(html_content, 'html.parser')
print("Using html.parser:")
print(soup_html_parser.prettify())
print("\n\n")

#使用 lxml 解析器
soup_lxml = BeautifulSoup(html_content, 'lxml')
print("Using lxml:")
print(soup_lxml.prettify())
print("\n\n")

#使用 html5lib 解析器
soup_html5lib = BeautifulSoup(html_content, 'html5lib')
print("Using html5lib:")
print(soup_html5lib.prettify())
```

2. 特定标签内容读取

BeautifulSoup 对象具有指定特定标签并抓取其包含内容的功能，提供了一个简单而又灵活的方式来导航、搜索和修改文档树。同时，BeautifulSoup 对象可以根据 CSS 选择器的语法结构，使用 find()方法和 find_all()方法筛选特定标签，示例代码如下：

```python
from bs4 import BeautifulSoup

#HTML 文档示例
html_content = """
<html>
    <body>
        <h1>Hello, BeautifulSoup!</h1>
        <p>This is a sample HTML document.</p>
        <a href="https://www.example.com">Visit Example.com</a>
    </body>
```

```
</html>
"""
#创建 BeautifulSoup 对象
soup = BeautifulSoup(html_content, 'html.parser')
#获取指定标签的内容
h1_content = soup.h1.text
p_content = soup.p.text
a_content = soup.a['href']

print("H1 Content:", h1_content)
print("P Content:", p_content)
print("A Href Attribute:", a_content)

#使用选择器获取指定标签的内容
h1_content = soup.find('h1').text
p_content = soup.find('p').text
a_content = soup.find('a')['href']

print("H1 Content:", h1_content)
print("P Content:", p_content)
print("A Href Attribute:", a_content)
```

◇ 9.5　requests 库的基本操作与爬虫案例

Python 的 requests 库像是一位出色的网络助手,专门负责用户与互联网上的各种通信服务,它充当了用户和服务器之间的信使,无论是用户提交的请求还是处理身份验证,都能得心应手,而且多才多艺,能轻松应付 GET 请求、POST 请求或者其他 HTTP 请求。requests 库还提供了类似书信的接口,可以定制请求信息的头部、参数和主体,类似书信的标题、附件和正文。

requests 库的 get()、post()、put()、delete()、head()和 options()等方法能以不同的方式请求指定的 URL 资源,请求成功后会返回一个 response 对象,通过 response 对象的 status_code 属性可以检查服务器反馈的状态码,通过 text 属性可以查看网页源代码,通过 content 属性可以返回二进制形式的网页源代码,通过 encoding 属性可以查看和设置编码格式。

9.5.1　requests 基本操作

1. 增加头部信息并设置访问代理

在 Python 的 requests 库中,可以通过设置请求头部信息来自定义发送的 HTTP 请求。请求头部包含关于请求的元数据,如用户代理、接收的媒体类型等,从而模拟不同的客户端行为或者在发送请求时提供额外的信息。该信息通常由 requests 库中的 headers 参数携带,程序员可以将 headers 参数设置为一个字典,其中,键是头部字段的名称,值是头部字段的值。例如,可以设置 User-Agent 头部字段来模拟不同的浏览器,或者设置 Referer 头部字段来指示请求的来源页面。

2. 访问网页并提交数据

在使用 requests 模板的 post()方法打开目标网页时,可以通过字典形式的参数来提交信息,其本质与 get()方法并无太大的区别,都是客户端信息和请求的提交。但是 post()方法发出的信息不会包含在 URL 中,相当于用一个密封信件将信息封装了起来,安全性更高。

例 9.10 某图书馆网站珍藏了海量的资料,读者若要阅读,可以向网站发送一个请求。但是这样的请求容易泄露用户名、手机号码和邮箱等私密信息。而使用 post()方法传递请求,则相当于使用一个信封对其进行封装,保障了信息的安全。请设计一个程序,使用 post()方法帮助读者更加安全的阅读图书馆的资料。

分析如下:

(1) 将读者的私密数据封装,使用 post()方法发送给图书馆;

(2) 查看图书馆反馈码,判断请求是否成功,并接收反馈信息;

(3) 解析反馈数据。

引导 Copilot 生成代码的指令如下:

```
//使用 post()方法将读者的私密信息及阅读请求发送给图书馆,并接收反馈信息。请运用
requests 库设计一个程序实现
```

Copilot 生成的代码如下:

```python
import requests

#读者的私密信息和阅读请求
data = {
    "name": "John Doe",
    "email": "johndoe@example.com",
    "book_id": "12345"
}

#图书馆的 URL
url = "http://library.com/request"
#发送 POST 请求
response = requests.post(url, data=data)
#打印反馈信息
print(response.text)
```

3. 获取和设置 cookies

顾客去烘焙店买甜点,购买某一个甜点后,这家店铺会记住顾客所买的甜点类型和口味等信息,以便顾客下次再来选购时为其提供个性化推荐服务。cookies 可以充当这个角色,记住用户的行为和数据。使用 get()方法获取网页信息时,cookies 属性的用法如下:

```python
import requests

#模拟一个烘焙店的网站
bakery_url ='https://bakery.example.com'
#假设客户端(顾客)第一次访问烘焙店的网站,发送 GET 请求
first_visit_response =requests.get(bakery_url)
```

```
#获取第一次访问时的 cookies
initialLcookies =first_visit_response.cookies
#打印第一次访问的 HTML 内容和 cookies
print("第一次访问的 HTML 内容: ")
print(first_visit_response.text)
print("\n 第一次访问时的 cookies:",initial_cookies)
#模拟客户端再次访问,携带上次获取的 cookies
second_visit_response =requests.get(bakery_url,cookies=initial_cookies)
#打印第二次访问的 HTML 内容和 cookies
print("\n 第二次访问的 HTML 内容: ")
print(second_visit_response.text)
print("\n 第二次访问时的 cookies:",second_visit_response.cookies)
```

9.5.2　requests 爬虫案例

例 9.11　请设计一个爬虫程序获取电影的票房数据。

分析如下:

(1) 获取网站 API,使用 GET 方法向服务器发送包含电影名称的请求信息;

(2) 判断请求是否成功,并筛选出目标电影,再次构建 URL 向服务器发送请求信息;

(3) 获取目标电影的票房数据。

引导 ChatGPT 生成代码的指令如下:

//请你运用 requests 库设计一个爬虫程序,实时爬取电影的票房数据

ChatGPT 生成的代码如下:

```
import requests

def get_movie_box_office(movie_name):
    #使用豆瓣电影的 API 来获取电影信息
    base_url = 'https://api.douban.com/v2/movie/search'
    #构造查询参数
    params = {'q': movie_name}
    #添加请求头信息
     headers = {'User - Agent ': ' Mozilla/5. 0 (Windows NT 10. 0; Win64; x64)
AppleWebKit/537.36 (KHTML, like Gecko) Chrome/88.0.4324.190 Safari/537.36'}
    #发送 GET 请求
    response = requests.get(base_url, params=params, headers=headers)
    print(response)
    if response.status_code == 200:
        #获取搜索结果中第一部电影的 ID
        movie_id = response.json()['subjects'][0]['id']
        #构造获取电影信息的 URL
        movie_url = f'https://api.douban.com/v2/movie/subject/{movie_id}'
        #发送 GET 请求
        movie_response = requests.get(movie_url, headers=headers)
        if movie_response.status_code == 200:
            #获取票房信息
            box_office = movie_response.json().get('boxOffice', '无')
```

```
            print(f"电影《{movie_name}》的票房数据: {box_office}")
        else:
            print(f"获取电影信息失败,状态码: {movie_response.status_code}")
    else:
        print(f"搜索电影失败,状态码: {response.status_code}")

#测试示例
get_movie_box_office('电影名称')
```

如果程序运行结束后显示的响应码为 200，则代表请求成功。后续需要查看官网的 API 文档，了解服务器传回的数据格式，以进行进一步处理。

◆ 9.6　selenium 库爬虫案例

selenium 库是一个用于 Web 应用程序测试的工具，可以用来驱动几乎所有的主流浏览器，模拟真实用户的操作，从终端用户的角度测试应用程序。另一种角度来说，selenium 库可以用来解决一些突发性问题。例如一些网页直接单击就能进去浏览文本，但是有些网页必须要求用户先进行验证操作。selenium 库如同生活中的汽车自动驾驶功能，它可以模拟一位老司机，在浏览器中为用户实现自动单击按钮、填写表单等操作。而用户只需要坐在后座，专注于观察整个驾驶过程即可，也可以实时管理 selenium 库。

例 9.12　比萨店可以根据客户的口味和心情定制专属比萨，现在需要了解该店的菜单与口碑情况。请使用 selenium 库设计一个程序，模拟用户的浏览器操作。

分析如下：

(1) 首先需要从 selenium 库中导入网页驱动 webdriver；

(2) 创建一个浏览器对象，这里以 Chrome 浏览器为例；

(3) 根据 HTML 标签的 ID 属性定位爬取信息。

引导 ChatGPT 生成代码的指令如下：

//请运用 selenium 库设计一个爬虫程序，模拟使用 Chrome 浏览器爬取某个比萨店的菜单和口碑的过程

ChatGPT 生成的代码如下：

```
from selenium import webdriver
from selenium.webdriver.chrome.service import Service as ChromeService
from selenium.webdriver.common.by import By
from selenium.webdriver.support.ui import WebDriverWait
from selenium.webdriver.support import expected_conditions as EC

def crawl_pizza_shop_info(url):
    #设置 ChromeDriver 路径
    chrome_path = "/path/to/chromedriver"
    #创建 Chrome 驱动
    chrome_service = ChromeService(chrome_path)
    driver = webdriver.Chrome(service=chrome_service)

    try:
```

```
#打开网页
driver.get(url)
#等待页面加载,可以根据实际情况调整等待时间和条件
WebDriverWait(driver, 10).until(EC.presence_of_element_located((By.
ID, "menu")))
#获取菜单信息
menu_section = driver.find_element(By.ID, "menu")
menu_items = menu_section.find_elements(By.CLASS_NAME, "menu-item")
print("菜单: ")
for item in menu_items:
    item_name = item.find_element(By.CLASS_NAME, "item-name").text
    item_price = item.find_element(By.CLASS_NAME, "item-price").text
    print(f"{item_name}: {item_price}")


#获取口碑信息
reviews_section = driver.find_element(By.ID, "reviews")
reviews = reviews_section.find_elements(By.CLASS_NAME, "review")
print("\n 口碑: ")
for review in reviews:
    reviewer = review.find_element(By.CLASS_NAME, "reviewer").text
    review_content = review.find_element(By.CLASS_NAME, "review-
    content").text
    print(f"{reviewer}: {review_content}")
finally:
    #关闭浏览器
    driver.quit()

#请替换为目标比萨店的网址
pizza_shop_url = "https://example.com/pizza-shop"
crawl_pizza_shop_info(pizza_shop_url)
```

◆ 本 章 小 结

（1）本章介绍了 Python 的爬虫程序的简单设计与运用，通过爬虫程序，用户可以避免频繁的站点访问和潜在的网络风险。在这之前，学习者需要先了解基本的网络知识，例如什么是 IP、网站 URL 的构成和作用是什么，等等。

（2）Python 爬虫就像一个模仿用户行为的侦探，它可以实现一些用户难以实现的功能；它会细心听取用户的要求，合理运用其强大的侦察手段，在互联网上寻找目标网站的蛛丝马迹，获取用户想要的各种信息。结合 ChatGPT 和 Copilot 等人工智能工具，可以轻松搭建一个属于自己的爬虫小程序。

（3）在利用爬虫程序时，也要查询相关法律法规，确保自己的爬虫活动符合法律道德和国家的相关规定。另外，别太贪心，不要一次性请求过多的次数，以防设备 IP 地址被网站屏蔽。如果要确保自己的爬虫小侦探的有效性，那么就需要不断升级程序以适应变化。

◇ **本章习题**

一、选择题

1. 在 Python 中,用于发送 HTTP 请求并获取网页内容的是( )。

    A. numpy   B. pandas   C. requests   D. matplotlib

2. BeautifulSoup 对象常用于( )。

    A. 数据分析   B. 网页爬虫   C. 机器学习   D. 图形绘制

3. 适用于模拟浏览器操作的库是( )。

    A. requests   B. selenium   C. BeautifulSoup   D. urllib

4. 通常用于向服务器提交表单数据的 HTTP 方法是( )。

    A. GET   B. POST   C. PUT   D. DELETE

5. 表示服务器请求成功的状态码是( )。

    A. 200 OK   B. 404 Not Found

    C. 500 Internal Server Error   D. 302 Found

二、判断题

1. 爬虫程序在访问网站时,应该尽量模拟人类的浏览行为,以避免被封禁。 ( )

2. BeautifulSoup 对象的 find_all()方法用于查找 HTML 文档中所有符合条件的元素。

                                                             ( )

3. 爬虫程序应该尽量频繁地访问同一网站的不同页面,以提高爬取效率。 ( )

4. 爬虫程序在进行数据爬取时,不用进行后期维护。 ( )

5. 在进行网页爬取时,合理设置爬虫程序的请求头信息有助于模拟真实的用户访问,可以减少被封禁的风险。 ( )

三、编程题

1. 编写一个简单的爬虫程序,使用 requests 库获取 GitHub 的首页 HTML 内容并保存到本地。

2. 使用 BeautifulSoup 对象解析以下 HTML 片段,提取出所有<h2>标签的文本内容。

```
<div class="article">
  <h2>Title 1</h2>
  <h2>Title 2</h2>
  <h2>Title 3</h2>
</div>
```

3. 编写一个爬虫程序,使用 selenium 库打开豆瓣电影网,搜索关键词"科幻",并获取搜索结果中的电影名称。

4. 编写一个简单的爬虫程序,模拟下载一张图片并保存到本地。

5. 编写一个爬虫程序,使用 selenium 库打开百度搜索网站页面,输入关键词"Python 编程",单击"搜索"按钮,然后将搜索结果中前三个标题的文本内容打印出来。

◇ 拓 展 阅 读

（一）HTML 技术

　　HTML 的全称为超文本标记语言（HyperText Markup Language），是一种常用于构建网页的基础技术。不同于 Python，用"编程语言"这一说法描述 HTML 实际上是不准确的，严谨地说它是一种标记语言，和 JavaScript、CSS 一起被统称为前端技术或者"前端三剑客"。

　　HTML 元素是整个 Web 界面的基石，像一张表格般结构化网页的各种信息，如标题、段落、列表，表单等。借助结构化的信息，为网页添加各种样式和行为逻辑就不那么复杂了，使整个网页的布局更加合理，也更加美观且实用。HTML 元素的一般形式为由尖括号包裹的标签，例如<p>。而用这样的一对标签包裹的文本内容，就可以被浏览器识别并显示在网页上。

　　前端开发过程中，为了使网页内容更加生动，功能更加丰富，程序员一般会使用 CSS 和 JavaScript 来完成网页的"装修"工作。完成一段 HTML 代码的编写只是做到了将文本或者其他功能简单地呈现在网页上，相当于在一片土地上搭建了一座毛坯房，还远未达到能够居住的要求。CSS 的全称为层叠样式表，顾名思义就是一张表格，上面指定了 HTML 元素的样式，可以限定元素的外观和布局。而空有好看的外观也不行，就像一个精致的水龙头不能出水，用户总会感到无聊。所以，互动性也是衡量网站质量的一个标准。HTML 可以嵌入 JavaScript 的脚本语言，从而控制网页的逻辑行为，实现与用户之间的交互。更多有关前端领域的知识，读者可以通过下方链接查阅。

　　（链接来源：https://zh.wikipedia.org/wiki/HTML）

（二）UTF-8 编码

　　读者在学习本章内容时，会多次接触到"UTF-8"这个名词，需要理解它作为一种字符编码方案的重要性、工作原理及其在 Python 编程中的应用。UTF-8 编码是目前常用的字符编码之一，它支持世界上几乎所有的字符集，包括拉丁字母、中文、日文、阿拉伯文等，这使得 UTF-8 成了国际化和多语言应用开发中的首选编码方案。

　　在工作原理方面，UTF-8 编码采用了一种变长编码方式，能够根据不同的字符而使用不同长度的字节来表示，从而节省存储空间。具体来说，UTF-8 使用 1～4 字节来表示一个字符，其中常用的拉丁字母和 ASCII 字符只需要 1 字节，而中文等非常用字符则需要更多的字节来表示。

　　Python 编程中，字符串是以 Unicode 编码存储的，而在进行文件读写、网络传输等操作时，通常需要将 Unicode 字符串转换为字节流。这时，可以使用 UTF-8 编码将 Unicode 字符串编码成字节流，或者将字节流解码成 Unicode 字符串。在 Python 中，可以使用字符串的 encode() 方法进行编码，指定编码方式为 utf-8 即可。更多有关 UTF-8 编码的知识，读者可以通过下方链接查阅。

　　（链接来源：https://zh.wikipedia.org/wike/UTF-8）

(三) 互联网通信与传输协议

互联网通信和传输协议是实现网络通信的基础,它们定义了在网络上进行数据传输的规则和约定。这里介绍几类常见的互联网通信和传输协议,包括 HTTP、HTTPS、TCP 和 UDP 等,维基百科对于该内容做了更加详细的介绍,读者可以通过下方链接查阅。

HTTP(超文本传输协议)是用于在客户端和服务器之间传输超文本数据的协议,它是互联网上应用广泛的协议之一。HTTP 使用客户端-服务器模式,客户端发送请求,服务器返回响应,完成数据传输。HTTP 是无状态协议,即每次请求与响应之间都是相互独立的,服务器不会保存客户端的状态信息。

HTTPS(安全超文本传输协议)是 HTTP 的安全版本,通过使用 SSL/TLS 加密协议对数据进行加密和认证,保证了数据在传输过程中的安全性和完整性。HTTPS 在网络通信中广泛应用于安全敏感的场景,如在线支付、用户登录等。

TCP(传输控制协议)是一种面向连接的、可靠的数据传输协议,它在通信双方建立连接后进行数据传输,通过序号和确认号来实现数据的可靠传输。TCP 提供了流量控制、拥塞控制等机制,能够保证数据的顺序和完整性,适用于需要可靠传输的场景,如文件下载、网页浏览等。

UDP(用户数据报协议)是一种无连接的、不可靠的数据传输协议,它直接将数据报发送给目标地址,不保证数据的顺序和可靠性,也不提供拥塞控制等机制。UDP 适用于实时性要求较高、数据丢失可以容忍的场景,如音视频传输、在线游戏等。

这些互联网通信和传输协议在网络通信中起到了至关重要的作用,了解它们的特点和应用场景能够帮助学习者更好地设计和实现网络应用,提升数据传输的效率和安全性。

(链接来源: https://zh.wilipedia.org/wike/网络协议)

(四) API

读者在学习网络编程时,可能会看到 API 这个名词。API 的全称为应用程序接口(Application Programming Interface),是一组定义了软件组件之间交互的规范和工具集合,它允许不同的软件系统或服务进行通信和互操作,使它们能够相互调用、交换数据和共享功能,从而实现更加灵活和高效的应用程序开发。

API 通常定义了一系列的函数、方法、数据结构和协议,开发者可以使用这些接口来访问和操作某个软件系统的功能和数据。API 可以提供不同级别的访问权限,包括公开的开放 API、受限的私有 API 和内部的系统 API 等。开放 API 通常是针对外部开发者开放的,允许他们使用特定的协议或接口与软件系统进行交互。私有 API 则是为特定的合作伙伴或内部使用而设计的,只允许受限的访问。而系统 API 则是软件系统内部组件之间相互调用的接口。

API 的设计和实现是软件开发中非常重要的一部分,它决定了软件系统的可扩展性、灵活性和易用性。一个好的 API 应该具有以下特点。

(1) 易于理解和使用:API 应该有清晰的文档和简洁的设计,使得开发者能够轻松地理解和使用。

(2) 稳定性和兼容性:API 的接口和功能应该是稳定的,要避免频繁的变更和不兼容性,以确保用户的代码不会因为 API 的变化而失效。

（3）安全性：API 应该提供适当的安全机制,以防止恶意访问和数据泄露。

（4）性能和效率：API 的设计应该考虑到性能和效率,避免不必要的延迟和资源消耗。

（5）扩展性：API 应该支持灵活的扩展和定制,使得用户可以根据自己的需求进行定制和扩展。

总的来说,API 是软件开发中非常重要的一个概念,它使得不同的软件系统可以相互协作,共享资源和功能,从而实现更加复杂和强大的程序功能。更多有关 API 的信息,读者可以通过下方链接查阅。

（链接来源：https://baike.baidu.com/item/应用程序编程接口/3350958）

异常处理结构

异常处理结构是编程语言中用来处理运行时出现的意外情况或错误的一种机制。程序在执行过程中可能会遇到各种预期之外的情况,如除数为零、访问非法内存和文件不存在等。这些情况会打断程序的正常流程,如果没有妥善处理,可能会导致程序崩溃或产生不可预期的结果。在程序设计中,异常处理结构不仅是一种技术手段,更是一种责任和担当的体现。异常处理教会我们在面对问题和困难时不能回避,应该正视和积极处理。

本章学习目标

一、知识和技能

1. 掌握 Python 程序中的错误和异常种类。

2. 理解异常出现的条件以及可能的后果。

二、过程和方法

1. 通过理论学习和案例分析,理解何时以及如何使用 Python 的异常处理结构。

2. 通过实践增加对 Python 异常处理的理解和熟练度。

3. 在实际应用中,能有效地预防和解决可能出现的错误和异常。

三、态度和价值观

1. 积极看待编程中遇到的错误和异常,在遇到问题时能保持冷静,积极寻求解决办法。

2. 在编程过程中主动使用异常处理机制,所有可能出现异常的代码都应该被适当地保护,以提高程序的健壮性和可靠性。

◆ 10.1 异常的概念及表现形式

10.1.1 异常的概念

异常(exception)是指程序执行中发生的错误事件。在 Python 中,异常是一个对象,表示程序中的错误或异常情况。当异常发生时,程序会停止执行正常的代码,并寻找处理该异常的代码。Python 异常可以分为两大类:内置异常(built-in exceptions)和用户定义异常(user-defined exceptions)。

10.1.2 异常的常见种类

内置异常是 Python 预先定义好的,不需要用户自己创建,通常用来处理程序执行中可能遇到的问题。以下是一些常见的异常种类。

1. ZeroDivisionError

算术错误,除数为零时发生。例如:

```
result = 10 / 0
```

2. IndexError

访问列表或字符串的索引不正确时发生。例如:

```
my_list = [1, 2, 3]
print(my_list[3])
```

3. KeyError

在字典中寻找不存在的键时发生。例如:

```
my_dict = {'a': 1, 'b': 2}
print(my_dict['c'])
```

4. ValueError

传入错误的参数类型或值时发生,如函数期望一个整数而传入了一个字符串。例如:

```
int('hello')
```

5. IOError

进行输入/输出操作时发生,如文件不存在或无法访问。例如:

```
f = open('nonexistent_file.txt')
```

6. EOFError

当预期中应该读取更多数据时却到达文件末尾时发生。例如:

```
f = open('example.txt')
while True:
    line = f.readline()
    if not line:
        break
```

7. NameError

使用了一个未声明或未赋值的变量时发生。例如:

```
print(my_variable)
```

8. SyntaxError

Python 代码中存在语法错误时发生。例如:

```
print("This is not valid Python syntax: print('Hello, world!"
```

9. IndentationError

代码缩进错误时发生。例如:

```
if True:
    print('Hello')
    print('World')
```

10. AttributeError

尝试访问对象没有的属性时发生。例如：

```
class MyClass:
    pass
obj = MyClass()
print(obj.nonexistent_attribute)
```

◆ 10.2　常见的异常处理结构

用户定义异常是指程序员根据需要自己创建的异常类，继承自 Exception 类。使用用户定义的异常可以让错误处理更加灵活和方便。以下是常见的异常处理结构。

10.2.1　try-except 结构

这种结构用于捕获和处理在 try 代码块内发生的异常。当 try 代码块中的代码出现错误时，程序的执行会立即跳到相应的 except 代码块。except 代码块后面的括号中可以指定要捕获的异常类型，如果省略异常类型，则表示捕获所有类型的异常。

try-except 的基本结构如下所示：

```
try:
    #尝试执行的代码块
    #可能会引发异常
except SomeException:
    #如果上面的代码块引发了 SomeException 类型的异常，则执行这里的代码
```

例 10.1　编写一个程序，模拟魔法师尝试施展魔法的过程。当魔法能量足够时，魔法师会成功施展魔法；当魔法能量不足时，魔法师会失败，并且可能会引发异常。请使用 try-except 结构来处理可能出现的异常。

分析如下：

（1）定义一个 cast_spell 函数，用来接收魔法师的名字和代表魔法成功率的数值；

（2）在函数内部，使用 random.random()函数模拟一个随机过程，这个函数返回一个 0～1 的浮点数，根据这个数决定魔法是否成功施展；

（3）创建一个魔法师对象 magician 和一个代表魔法成功率的数值 power，并连续尝试施展两次魔法；

（4）调用 cast_spell 函数时，生成一个新的随机成功率 power。

引导 Copilot 生成代码的指令如下：

```
//编写一个程序,模拟魔法师尝试施展魔法的过程。当魔法能量足够时会成功施展魔法,当魔法能量不足时会失败,并且会引发异常。使用 try-except 结构来处理可能出现的异常
```

Copilot 生成的代码如下：

```
import random

def cast_spell(magician):
    try:
        #随机决定魔法成功率
        power = random.uniform(0, 1)          #生成一个 0 到 1 的随机浮点数
        if random.random() < power:
            print(f"{magician} successfully casts a spell!")
        else:
            raise Exception(f"{magician} failed to cast a spell!")
    except Exception as e:
        print(e)

#创建魔法师对象
magician_name = "Alice"

#尝试施展魔法
cast_spell(magician_name)

#再次尝试施展魔法
```

输出结果如下：

```
Alice successfully casts a spell!
```

10.2.2　try-except-finally 结构

这个结构是在 try-except 结构的基础上添加了一个 finally 块。无论 try 块中的代码是否引发了异常，finally 块中的代码都会被执行，通常用于做清理工作，如关闭文件、释放资源等。

try-except-finally 的基本结构如下所示：

```
try:
    #尝试执行的代码,可能会引发异常
except SomeException as e:
    #当特定异常发生时执行的代码
finally:
    #无论是否发生异常,都会执行的代码
```

例 10.2　编写一个模拟太空飞船自动降落的程序，要求无论降落成功与否，都必须确保降落装置被正确回收。请使用 try-except-finally 结构来涵盖降落的整个过程，包括尝试降落、实际降落成功和未成功的情况，且无论发生哪种情况，在 finally 块中执行的代码均必须确保 landing device 被正确回收。请勿在代码中包含任何与太空探险相关的安全操作错误，并确保代码覆盖所有可能降落的场景。

分析如下：

（1）land_spaceship 函数模拟了太空飞船的自动降落过程，它接收参数 success_chance，表示降落成功的概率；

（2）函数内部使用了 random.random()函数来随机生成一个 0～1 的浮点数，如果这个数小于成功概率，则认为降落成功；否则引发一个异常，表示降落失败；

（3）在 except 块中捕获可能发生的异常，并返回一条错误消息。无论降落是否成功，finally 块中的代码都会被执行，确保降落装置被正确回收。

（4）打印一条消息"Recovering the landing gear."表示这个过程，并返回一条消息"The landing gear has been recovered."表示降落装置已经被回收。

引导 ChatGPT 生成代码的指令如下：

```
//编写一个程序，模拟太空飞船的自动降落过程。无论降落是否成功，都需要确保降落装置被正确
回收。使用 try-except-finally 结构来确保降落装置顺利回收
```

引导 ChatGPT 生成的代码如下：

```python
import random

def land_spaceship(success_chance):
    #模拟太空飞船的自动降落过程

    try:
        #随机决定降落是否成功
        if random.random() < success_chance:
            return "The spaceship successfully landed."
        else:
            raise Exception("The spaceship failed to land.")
    except Exception as e:
        #处理异常情况
        return f"An error occurred during landing: {e}"
    finally:
        #确保降落装置被正确回收
        print("Recovering the landing gear.")
        return "The landing gear has been recovered."

#设定降落的成功概率
landing_success_chance = 0.8          #假设成功降落的概率是 80%

#尝试降落
result = land_spaceship(landing_success_chance)

#打印结果
print(result)
```

输出结果如下：

```
Recovering the landing gear.
The landing gear has been recovered.
```

10.2.3 try-except-else 结构

在 try-except 结构的基础上，该结构添加了一个 else 代码块。如果 try 代码块内的代码没有引发异常，那么执行流程会跳转到 else 代码块。else 代码块通常用于执行一些清理

工作或后处理操作。

try-except-else 的基本结构如下所示：

```
try:
    #尝试执行的代码,可能会引发异常
except Exception as e:
    #当异常发生时执行的代码
else:
    #当没有异常发生时执行的代码
```

例 10.3 请编写一个模拟幸运大抽奖活动的程序。在这个程序中,需要模拟一个场景,其中参与者通过一个函数抽奖,该函数需要判断参与者是否中奖(如果返回 True,则表示中奖;如果返回 False,则表示没有中奖)。在抽奖过程中,请使用 try-except-else 结构来处理抽奖结果。如果参与者中奖,请打印出"恭喜您!"的信息;如果未中奖,请打印出"请继续参与!"的鼓励信息。请确保程序能够适当处理不同的抽奖结果,并引导参与者应对这些结果。

分析如下：

(1) draw_lottery 函数模拟了抽奖过程,使用 random.random()函数来随机生成一个 0～1 的浮点数,如果这个数小于 0.5,则表示参与者中奖;否则表示参与者没有中奖;

(2) 在 try 块中,使用 raise Exception 来模拟中奖或未中奖的情况。如果 random 生成的数小于 0.5,则引发一个异常,并打印恭喜信息;否则引发另一个异常,并打印鼓励信息。在 except 块中,捕获了可能发生的异常,并打印出异常消息;

(3) 在 else 块中,打印出一条鼓励信息,表示即使没有中奖,参与者也应该继续尝试,好运终将到来;

(4) 调用 draw_lottery 函数 5 次,模拟 5 次抽奖活动;每次抽奖后,程序都会打印出相应的结果。

引导 Copilot 生成代码的指令如下：

```
//编写一个程序,模拟幸运大抽奖活动。参与者每次抽奖都可能中奖或者不中奖。使用 try-
except-else 结构来处理抽奖结果,如果中奖,则打印恭喜信息;如果没有中奖,则打印鼓励信息
```

引导 Copilot 生成代码如下：

```
import random

def draw_lottery():
    """
    模拟幸运大抽奖活动。
    """
    try:
        #随机决定是否中奖
        if random.random() < 0.5:              #假设中奖的概率是 50%
            raise Exception("恭喜您!")
        else:
            raise Exception("请继续参与!)
    except Exception as e:
        #处理抽奖结果
        print(e)
```

```
        else:
            #如果 try 块没有异常发生,执行 else 块
            print("Keep trying, luck will eventually come your way!")

#模拟抽奖活动
for _ in range(5):                    #假设参与者有 5 次抽奖机会
    draw_lottery()
```

输出结果如下:

```
恭喜您!
请继续参与!
请继续参与!
恭喜您!
恭喜您!
```

10.2.4 处理多个异常结构

当 try 块包含多个 except 块时,整个异常处理结构可以看作一个异常处理链。每个 except 块可以捕获特定类型的异常,或者不指定异常类型来捕获所有类型的异常。当 try 块中的代码引发异常时,将依次检查每个 except 块,直到找到匹配异常类型的 except 块,然后执行该 except 块中的代码。如果所有的 except 块都没有捕获到异常,就会执行 else 块中的代码。如果 try 块中的代码没有引发异常,也会执行 else 块中的代码。

处理多个异常结构的基本结构如下所示:

```
try:
    #尝试执行的代码块
except 异常类型 1:
    #当异常类型 1 发生时执行的代码块
except 异常类型 2:
    #当异常类型 2 发生时执行的代码块
#可以选择性地添加 else 块
else:
    #如果没有异常发生时执行的代码块
finally:
    #无论是否发生异常都会执行的代码块
```

例 10.4 编写一个 Python 函数,该函数用于计算两个分数相加的结果。函数需要能够处理用户输入的分数,并在用户输入错误时给出提示。使用 try-except-else-finally 语句来处理可能出现的错误,并确保在 except 子句中提供适当的错误处理信息。

分析如下:

(1) 首先尝试解析输入的字符串以提取分子和分母;

(2) 如果输入格式正确,它将通分并计算两个分数的和。如果输入格式错误,它将捕获 ValueError 并返回一个错误消息;

(3) 无论结果如何,finally 块中的代码都会执行,并打印出"计算完成。"作为消息。

引导 Copilot 生成代码的指令如下:

//编写一个 Python 函数,用于计算两个分数相加的结果。用 try-except-else-finally 语句来处理可能出现的错误

引导 Copilot 生成的代码如下:

```python
def add_fractions(fraction1, fraction2):
    try:
        #解析输入的分数
        numerator1, denominator1 = map(int, fraction1.split('/'))
        numerator2, denominator2 = map(int, fraction2.split('/'))

        #通分
        common_denominator = denominator1 * denominator2
        numerator1 = numerator1 * (common_denominator // denominator1)
        numerator2 = numerator2 * (common_denominator // denominator2)

        #计算和
        sum_numerator = numerator1 + numerator2
        fraction_sum = f"{sum_numerator}/{common_denominator}"

        #返回结果
        return fraction_sum
    except ValueError:
        #处理分数格式错误
        return "输入错误:请确保分数格式正确,分子和分母应该是数字。"
    except Exception as e:
        #处理其他可能的错误
        return f"未知错误:{e}"
    finally:
        #确保无论发生什么情况,这段代码都会执行
        print("计算完成。")

#示例使用
print(add_fractions("3/4", "1/2"))    #预期输出:10/8
print(add_fractions("3/4", "a/2"))    #预期输出:输入错误:请确保分数格式正确,分子和
分母应该是数字
```

输出结果如下:

```
计算完成。
10/8
计算完成。
输入错误:请确保分数格式正确,分子和分母应该是数字。
```

◆ 本 章 小 结

本章介绍了异常处理结构在编程中的概念和常见种类。

(1) 异常是指程序执行中发生的错误事件,它可能导致程序崩溃。

(2) 常见的异常处理结构包括 try-except、try-except-finally 和 try-except-else。这些结构可以用于捕获和处理程序运行过程中可能出现的异常情况。

◆ 本 章 习 题

一、简答题

1. 什么是异常？

2. 异常处理结构是什么？

3. 常见的异常处理结构有哪些？

4. try-except 结构是什么？

5. 如何处理多个异常？

二、操作题

1. 编写一个 Python 程序，要求用户输入一个正整数，然后程序计算该正整数在 1 到 100 之间的所有阶乘。但是，如果用户输入的不是正整数，程序应该捕获异常并提示用户重新输入。

2. 编写一个 Python 程序，要求用户输入一个数字，并尝试将这个数字转换成整数。如果用户输入的不是有效的整数，程序应该捕获 ValueError 异常，并提示用户重新输入。无论用户是否成功输入了一个整数，程序最后都应输出"程序结束，已退出"的提示。

◆ 拓 展 阅 读

（一）异常处理的名词解释

异常处理的英文为 exceptional handling，是代替日渐衰落的 error code 方法的新方法。异常处理分离了接收和处理错误代码，这个功能厘清了编程者的思绪，也使代码增强了可读性，方便了维护者的阅读和理解。

异常处理（又称错误处理）功能提供了处理程序运行时出现的任何意外或异常情况的方法。异常处理使用 try、catch 和 finally 关键字来尝试未成功的操作、处理失败以及在事后清理资源。

异常处理通常是指防止未知错误产生所采取的处理措施。异常处理的好处是用户不用再绞尽脑汁去考虑各种错误，这为处理某一类错误提供了一个很有效的方法，使编程效率大大提高。

异常可以由公共语言运行库（CLR）、第三方库或使用 throw 关键字的应用程序代码生成。

（链接来源：https://baike.baidu.com/item/异常处理/6250107）

（二）Python 报 ZeroDivisionError 的原因以及解决办法

Python 中的 ZeroDivisionError 异常表示除数为 0 导致的错误。例如，执行以下代码时会触发该异常：a＝1/0。执行上述代码时，Python 会报如下错误信息：ZeroDivisionError：division by zero。

当出现 ZeroDivisionError 异常时，我们需要遵循以下原则来解决问题：避免除数为 0

的情况,对于可能存在的情况,需要进行适当的判断和处理;如果程序无法避免除数为 0 的情况,则需要进行异常处理;查找代码出现问题的地方,并进行调试和优化。

　　下面是三种解决方案。避免除数为 0 的情况:在进行除法运算时,可以通过对除数进行判断避免除数为 0 的情况。异常处理:在程序无法避免除数为 0 时,可以通过异常处理来避免程序崩溃。调试和优化:当程序出现 ZeroDivisionError 异常时,我们需要找到代码出现问题的地方,并进行调试和优化。例如,在运行一段程序时,我们遇到了 ZeroDivisionError 异常,可以通过以下步骤进行分析:①确定出现异常的代码块;②打印出相应的值,如除数、被除数;③通过对程序的运行过程进行分析,找到问题所在;④进行调试和优化,解决问题。

　　总之,当发生 ZeroDivisionError 异常时,我们需要仔细分析问题,根据具体情况采用适当的解决方案。

　　(链接来源:https://pythonjishu.com/python-error-45/)

第 11 章

数组和 Python 的数据分析和处理

Pandas 库是一个数据分析处理库,能够帮助整理和处理数据。Pandas 库提供了强大的数据模型和工具,能够高效处理大型数据集,正因为这些,Python 成为高效且强大的数据分析环境。通过学习本章内容,读者将掌握使用 Python 进行数据分析和处理的基本技能,为深入探索数据科学领域奠定坚实的基础。

本章学习目标

一、知识目标

1. 掌握一维数组和二维数组的概念。

2. 掌握 Pandas 库和 NumPy 库的使用。

3. 明确数据分析的思路和方法。

4. 了解缺失值、重复值、异常值的处理方法。

二、技能目标

1. 能够使用 Pandas 库和 NumPy 库创建数组。

2. 能够使用 Pandas 库和 NumPy 库中的方法对数据进行修改。

三、情感态度与价值目标

1. 培养对数据分析和处理的热情和兴趣,增强对实际问题的处理能力。

2. 培养耐心和毅力,在面对复杂而杂乱的数据时,能够平心静气地分析和处理数据。

◇ 11.1 数组的基本操作

物以类聚,人以群分。Python 本身没有严格的数组类型,但可以使用第三方库,特别是 NumPy 库,它可以实现数组的功能。数组是一种用于存储相同类型元素的数据结构,提供数据的有效管理和操作。

11.1.1 一维数组 Series 的基本操作

在学习过程中碰到杂乱数据时,可以将其放在一维数组里面,以方便整理和查找,并可以根据数据的各种性质进行分类。

1. 生成一维数组

生成一维数组的方式有两种,使用列表生成式和使用 NumPy 库。

使用列表生成式的语法为:[expression for item in iterable]。

expression 是一个表达式,用于生成数组的每个元素,item 是迭代过程中的每个元素;iterable 是一个可迭代对象,如 range 对象、列表、元组等,如图 11-1 所示。

```
# 创建一个包含前10个自然数的一维数组
my_array = [i for i in range(1, 11)]
```

图 11-1　使用列表生成式创建数组

使用 NumPy 库的语法为:np.array(iterable,dtype=None)。

iterable 是一个可迭代对象,如列表、元组等;dtype 是数组的数据类型,如图 11-2 所示。

```
# 使用列表生成一维数组
my_array = np.array([1, 2, 3, 4, 5])
```

图 11-2　使用 NumPy 库创建数组

例 11.1　在一场学生编程竞赛中,主办方需要记录每位学生的编程得分情况,并找出前三名。请编写一个程序创建一维数组,记录学生的得分情况并按照分数排序。

将题干作为提示词,引导 ChatGPT 编写的代码如图 11-3 所示。

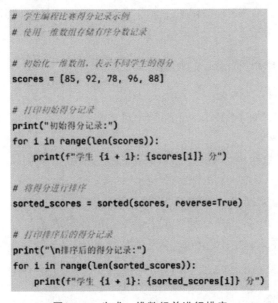

```
# 学生编程比赛得分记录示例
# 使用一维数组存储有序分数记录

# 初始化一维数组, 表示不同学生的得分
scores = [85, 92, 78, 96, 88]

# 打印初始得分记录
print("初始得分记录:")
for i in range(len(scores)):
    print(f"学生 {i + 1}: {scores[i]} 分")

# 将得分进行排序
sorted_scores = sorted(scores, reverse=True)

# 打印排序后的得分记录
print("\n排序后的得分记录:")
for i in range(len(sorted_scores)):
    print(f"学生 {i + 1}: {sorted_scores[i]} 分")
```

图 11-3　生成一维数组并进行排序

2. 生成索引数组

生成数组之前需要导入拓展库 NumPy 和扩展库 Pandas,并定义名称为 np 和 pd。在默认情况下,创建 Series 和 DataFrame 对象,用整数作为数组的索引,一般是从 0 开始的整数。除了整数,还可以用字符串。在某些特殊的情况下,还可以用日期作为索引。这样就需要用到拓展库 Pandas 中的 date_range()函数,这个函数可以指定不同的时间间隔。

生成索引数组的语法为:np.arange(start,stop,step,dtype=None)。

start 是索引数组的起始值(默认为 0);stop 是索引数组的结束值(不包含在数组中);step 是索引数组中相邻元素的步长(默认为 1);dtype 是索引数组的数据类型。

例 11.2　气象部门需要在持续暴雨的时候每天记录一次降水量,从而判断城市未来是否需要做抗洪措施。编写一个程序，创建一个索引数组，存储每天的降水量。

将题干作为提示语，使用 ChatGPT 编写的代码如图 11-4 所示。

```python
import pandas as pd
import numpy as np

# 生成一周的日期范围
date_range = pd.date_range(start='2023-01-01', periods=7, freq='D')

# 假设每天的降水量数据（毫米）
precipitation_data = np.array([10, 5, 15, 0, 20, 8, 12])

# 创建Pandas Series，将日期作为索引
precipitation_series = pd.Series(precipitation_data, index=date_range)

# 输出结果
print("一周的降水量数据:")
print(precipitation_series)
```

图 11-4   存储降水量的索引数组

这串代码使用了 date_range() 函数生成一个包含指定开始时间到结束时间的天数间隔的时间索引数组。

11.1.2   二维数组 DataFrame 的操作

1. 生成二维数组

创建二维数组可以使用 DataFrame 类，同时允许使用 index 参数指定索引和使用 columns 指定列名。

生成 Pandas 二维数组时，可以参照 NumPy 的二维数组来创建。使用 NumPy 库创建数组的语法为：np.array(object, dtype=None)。

object 是数组的对象；dtype 是数组的数据类型。

例 11.3   请使用二维数组来存储考试后学生们的各科成绩。

复制题干作为提示语，使用 Copilot 编写的代码如图 11-5 所示。

```python
# 创建一个字典来存储学生的各科成绩
# 每个内部字典代表一个学生的各科成绩
students_scores = [
    {"数学": 85, "英语": 90, "物理": 78, "化学": 92},   # 学生1的各科成绩
    {"数学": 88, "英语": 76, "物理": 93, "化学": 85},   # 学生2的各科成绩
    {"数学": 91, "英语": 82, "物理": 89, "化学": 94}    # 学生3的各科成绩
]

# 打印学生的各科成绩
for i, student_scores in enumerate(students_scores):
    print(f"学生{i+1}的各科成绩: {student_scores}")
```

图 11-5   Copilot 编写的代码

复制题干作为提示语，使用 ChatGPT 编写的代码如图 11-6 所示。

使用 Copilot 和 ChatGPT 编写的代码有所差别，但都可以解决问题。

```
# 假设有3名学生，每个学生有4门科目的成绩
# 创建一个二维数组来储存学生们的各科成绩

num_students = 3
num_subjects = 4


# 初始化二维数组为0
grades = [[0] * num_subjects for _ in range(num_students)]

# 模拟一些学生的成绩数据
# 这里随机给定一些示例成绩
grades[0] = [85, 90, 88, 92]
grades[1] = [78, 85, 80, 82]
grades[2] = [92, 88, 95, 90]

# 打印二维数组
print("学生们的各科成绩：")
for i in range(num_students):
    print(f"学生 {i + 1} 的成绩：", grades[i])
```

图 11-6　ChatGPT 编写的代码

2. 查看二维数组数据

当选择查看数组的数据但未指定特定要求时，系统将默认输出数组的所有数据，用户可以从中选择所需的数据查看，并最终只打印所选择的数据。可以使用 Pandas 库的 DataFrame 来查看二维数组数据，图 11-7 所示是其一般格式。

```
import pandas as pd

# 将二维数组转换为DataFrame
df = pd.DataFrame(my_2d_array)

# 显示DataFrame
print(df)
```

图 11-7　使用 Pandas 库查看二维数组数据

◆ 11.2　Pandas 库和 NumPy 库的基本操作

Pandas 库主要提供 3 种数据。

（1）Series：带标签的一维数组。

（2）DataFrame：带标签且大小可变的二维表格。

（3）Panel：带标签且大小可变的三维数组。

1. 查看二维数组的索引、列名和值

当需要查看 DataFrame 的索引、列名和值时，可以使用以下的属性，如图 11-8 所示。

```
import numpy as np
import pandas as pd

# 创建一个包含特定数据的二维列表
data = [[1, 8, 8, 0], [7, 3, 4, 7], [2, 6, 4, 7]]

# 将列表转换为numpy数组
data = np.array(data)

# 创建DataFrame，设置列名和行索引
df = pd.DataFrame(data, columns=['春', '夏', '秋', '冬'], index=['零食', '牛奶', '酒类'])

print(df)

# 获取索引
index = df.index
print(f'索引为：{index}')

# 获取列名
columns = df.columns
print(f'列名为：{columns}')

# 获取值
values = df.values
print(f'值为：{values}')
```

图 11-8　查看数组的索引、列名和值

（1）index：获取 DataFrame 的行索引。

（2）columns：获取 DataFrame 的列名。

（3）values：获取 DataFrame 的值。

图 11-8 所示代码的运行结果会分别显示出数组的索引、列名和值。

例 **11.4**　编写一个有关家庭开销记录查询的程序，实现查询一个家庭的开销记录的功能。要求使用二维数组来存储开销记录，其中每行代表一个月的开销，使用日期作为索引。列名表示不同的开支项目，单元格的值表示每个月在不同开支项目上的具体花费。

复制题干作为提示语，使用 ChatGPT 编写的代码如图 11-9 所示。

```
import pandas as pd

# 创建一个家庭开支记录的DataFrame
expenses_data = {
    '日期': ['2023-01-01', '2023-02-01', '2023-03-01', '2023-04-01'],
    '房租': [1200, 1200, 1200, 1200],
    '食品': [500, 600, 550, 700],
    '交通': [100, 120, 150, 80],
    '娱乐': [200, 250, 180, 300]
}

expenses_df = pd.DataFrame(expenses_data)

# 将日期设置为索引
expenses_df.set_index( keys: '日期', inplace=True)

# 查看家庭开支记录
print(expenses_df)
```

图 11-9　记录家庭的开销记录

2. 查看二维数组数据的统计信息

数组数据的统计信息主要包括数据的平均值、标准差、最小值、最大值等。可以用 describe()函数来查看数组的统计信息。这些数据可以帮助用户了解数据的性质,发现潜在的趋势和规律,以便做出更明智的决策,并且可以选择适当的可视化方法进行呈现。

使用 describe()函数的一般语法为:describe([options])。

options 是可选参数,用于指定描述统计信息的选项。

图 11-10 所示是 describe()函数的实例用法。

```python
import pandas as pd

# 创建一个示例数组
data = [1, 2, 3, 4, 5]

# 使用 describe() 函数查看统计信息
statistics = pd.Series(data).describe()

# 打印统计信息
print(statistics)
```

图 11-10　describe()函数的实例用法

例 11.5　请编写一个统计各类电影票房的程序。

复制题干作为提示语,使用 ChatGPT 编写的代码如图 11-11 所示。

```python
import pandas as pd

# 假设有一个包含电影类型和票房的DataFrame
movie_data = {
    '电影类型': ['动作', '喜剧', '科幻', '剧情', '动作', '科幻', '喜剧', '剧情', '剧情'],
    '票房': [1000000, 800000, 1200000, 900000, 1100000, 950000, 750000, 850000, 920000]
}

df = pd.DataFrame(movie_data)

# 按电影类型分组,计算统计信息
grouped_data = df.groupby('电影类型')['票房'].agg(['count', 'sum', 'mean', 'min', 'max'])

print("各类电影的票房统计信息: ")
print(grouped_data)
```

图 11-11　电影票房的统计信息

3. 对二维数组的数据进行排序

当二维数组的数据较零乱时,可以对数组的数据进行排序,以方便在数组中寻找需要的数据。数据的排序方法有很多种,如对数组的索引、列和行进行排序。

使用 Pandas 库对数组数据进行排序的一般语法如图 11-12 所示。

sort_values()函数用于对数据进行排序;by 参数用来指定按照哪一列进行排序;ascending 参数用来控制排序的顺序。

```
import pandas as pd

# 创建 DataFrame 或 Series 对象
data = {'col1': [3, 2, 1],
        'col2': [6, 5, 4]}
df = pd.DataFrame(data)

# 对 DataFrame 按指定列排序
sorted_df = df.sort_values(by='col1', ascending=True)  # ascending=False 表示降序排序
```

图 11-12　用 Pandas 库对数据进行排序

图 11-13 所示是原始的二维数组，当对数组进行排序后，例如对 A 行进行升序排序，A 行的数据会按照非递减顺序排列，但是其他行的数据不会受到影响。

	a	b	c	d
A	5	6	1	4
B	5	6	7	8
C	9	10	11	12

图 11-13　二维数组

4. 对二维数组数据的选择与访问

要选择二维数组中特定的数据，可以通过在字典中使用键名来实现，其一般用法如图 11-14 所示。

```
import pandas as pd

# 创建 DataFrame 对象
data = {'col1': [1, 2, 3],
        'col2': [4, 5, 6]}
df = pd.DataFrame(data)

# 通过列名选择列数据
selected_col_data = df['col1']  # 选择 'col1' 列的数据
```

图 11-14　使用键名选择特定的数据

在下面的数组中，选择 a 列的数据需要用 a 作为键名，如图 11-15 所示。

如果选择 a 列，代码编译输出后，就会只显示 a 列的数据，如图 11-16 所示。

	a	b	c	d
A	1	2	3	4
B	5	6	7	8
C	9	10	11	12

图 11-15　二维数组

	a
A	1
B	5
C	9

图 11-16　选择 a 列数据

5. 对二维数组的数据修改

当二维数组的值发生变化时,需要对这些数据进行修改。

使用 Pandas 库创建的二维数组修改数据的一般语法如图 11-17 所示。

```python
import pandas as pd

# 创建一个 DataFrame
data = {'A': [1, 2, 3],
        'B': [4, 5, 6],
        'C': [7, 8, 9]}
df = pd.DataFrame(data)

# 修改特定位置的值
df.at[0, 'A'] = 10    # 修改第一行第一列的值为 10

print(df)
```

图 11-17 修改二维数组的数据

at 方法用于指定行和列的标签以修改数据。

例 11.6 修改试卷时,不免会有错误发生。发现错误后,需要对输入的数据进行修改。请编写一个程序,实现对 A 行 c 列的数据进行修改。

复制题干作为提示语,使用 Copilot 编写的代码如图 11-18 所示。

```python
import pandas as pd
import numpy as np

#创建一个是三行四列的二维数组并设置一些元素的值
array_2d = {'A':{'a':1,'b':2,'c':3,'d':4},
            'B':{'a':5,'b':6,'c':7,'d':8},
            'C':{'a':9,'b':10,'c':11,'d':12}}

#将'A'行'c'列的数据更改为66
array_2d['A']['c'] = 66

#打印修改后的数组
print("\t",end='')
for col in array_2d['A']:
    print(col,end='\t')
print()

for row in array_2d:
    print(row,end='\t')
    for col in array_2d[row]:
        print(array_2d[row][col],end='\t')
    print()
```

图 11-18 使用 Copilot 编写的代码

6. 对二维数组数据的预处理

在某些时候,二维数组的数据无法直接处理,需要对这些数据进行预处理。其中,对重复值、缺失值、异常值的处理有两种基本方法，一种是直接将这些值丢弃，另一种是用特定的值来替代它们。

1）对数组中重复值的处理

如果数组中有重复的值，可以将重复的数据删除，只保留不重复的数据，如图 11-19 所示。

图 11-19 所示的数组中有重复的数据，当将重复的数据删除后，会出现图 11-20 所示的情况。

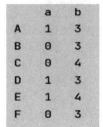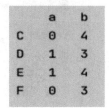

图 11-19　有重复值的二维数组　　　图 11-20　删除重复数据后的数组

2）对数组中缺失值的处理

对于数组中缺失的值，可以使用特定的值替换缺失的值，如图 11-21 所示。

图 11-21 缺失了第 5 列的值，可以在第 5 列中填入特定的值，例如在第 5 列中填入 4、9、3 这几个数字，如图 11-22 所示。

图 11-21　有缺失值的二维数组　　　图 11-22　填入数值后的数组

3）对于异常值的处理

异常值一般指的是超出正常数据范围的数据。对于异常值，可以将这些值直接舍去，也可以用范围之内的值来代替它们。需要对数据进行选择，将超过范围的值全部选择出来，然后对这些值进行处理。

二维数组数据的预处理的一般语法如图 11-23 所示。

drop_duplicates()方法用于删除重复的行；dropna()方法用于删除缺失值的行，也可以使用 fillna()方法将缺失值填充为特定值。

7. 二维数组的映射

二维数组的映射通常指的是将二维数组中的元素与其他数据结构或者新的二维数组进行关联或转换。映射的示例代码如图 11-24 所示。

在图 11-25 中，可以看到原始数组和映射后的数组。在这个映射中，数组的数据都扩大了一倍。除此之外，映射还可以对数组元素进行拼接，构造字典以及通过某种规则创建一个新的数组。

```python
import pandas as pd

# 创建 DataFrame 对象
data = {'A': [1, 2, 3, 4, None],
        'B': [4, 5, 6, None, 8],
        'C': [7, 8, None, 10, 11]}
df = pd.DataFrame(data)

# 处理重复值
df.drop_duplicates(inplace=True)  # 删除重复行

# 处理缺失值
df.dropna(inplace=True)  # 删除包含缺失值的行
# 或者
df.fillna(value=0, inplace=True)  # 用特定值填充缺失值

# 处理异常值（例如，假设异常值定义为超过某个阈值的值）
threshold = 10
df = df[df['A'] < threshold]  # 删除 'A' 列中大于阈值的行

print(df)
```

图 11-23　二维数组预处理

```python
# 原始二维数组
original_array = [
    [element11, element12, element13, ...],
    [element21, element22, element23, ...],
    [element31, element32, element33, ...],
    ...
]

# 定义映射函数
1 个用法
def mapping_function(element):
    # 映射规则
    # 返回映射后的值
    return mapped_value

# 映射后的二维数组
mapped_array = [
    [mapping_function(element) for element in row]
    for row in original_array
]
```

图 11-24　映射的示例代码

8. 数据离散化、移位和频次统计

1）数据的离散化

数据离散化指的是将连续型数据转换为离散型数据的过程。当将数据离散化后，可以对数组中的数据进行频次统计或者其他操作。

2）数据的移位

数据移位指的是将数据整体移动位置，例如将数据向下移一行，将第一列的数据向后移一列。

3）数据的频次统计

数据的频次统计指的是对数组中的数据的出现次数进行统计，如图 11-26 所示。

原始数组：
[1, 2]
[3, 4]
[5, 6]

映射后的数组：
[2, 4]
[6, 8]
[10, 12]

图 11-25 二维数组的映射

原始二维数组：
[[1 2 3]
 [4 5 6]
 [7 8 9]]
频次统计结果：
元素 1 出现了 1 次
元素 2 出现了 1 次
元素 3 出现了 1 次
元素 4 出现了 1 次
元素 5 出现了 1 次
元素 6 出现了 1 次
元素 7 出现了 1 次
元素 8 出现了 1 次
元素 9 出现了 1 次

图 11-26 原始二维数组和频次统计结果

图 11-27 给出了一般情况下二维数组离散化、移位和频次统计的示例代码。

```python
# 离散化函数
1 个用法
def discretize(value, bins):
    # 将连续值映射到离散区间
    return np.digitize(value, bins)


# 定义离散化的区间
bins = [bin1, bin2, bin3, ...]


# 对原始数组进行离散化处理
discretized_array = [
    [discretize(element, bins) for element in row]
    for row in original_array
]


# 定义移位函数
1 个用法
def shift_array(array, shift_amount):
    # 对数组进行移位操作
    return np.roll(array, shift_amount)


# 移位后的数组
shifted_array = shift_array(discretized_array, shift_amount)


# 频次统计
flattened_array = np.array(shifted_array).flatten()
frequency_counts = Counter(flattened_array)
```

图 11-27 二维数组离散化、移位和频次统计

例 11.7　餐厅需要根据顾客的评价来改善服务质量和菜单设计,可以将评价分为差评、中评、好评,并统计各个评价的频次。请编写一个程序,完成将顾客的评价离散化并记录各类评价的频次的操作。

复制题干作为提示语,使用 Copilot 编写的代码如图 11-28 所示。

```python
import numpy as np
import pandas as pd

# 创建顾客评价分数的数组
评价分数 = np.array([4, 5, 3, 2, 5, 4, 3, 5, 2, 4, 1, 3, 5, 4, 2])

# 将评价分数离散化为差评、中评、好评
离散化后的评价 = pd.cut(评价分数, bins=[0, 2, 3, 5], labels=['差评', '中评', '好评'])

# 统计各个评价的频次
频次统计 = 离散化后的评价.value_counts()

# 打印结果
print("原始评价分数数组:")
print(评价分数)

print("\n离散化后的评价数组:")
print(离散化后的评价)

print("\n各个评价的频次统计:")
print(频次统计)
```

图 11-28　评价的离散化和频次统计

9. 数据的分组计算和差分

1) 数据的分组计算

数据的分组计算是指将数据按照某个标准分成若干组,然后对每个组中的数据进行统计、计算等操作。这个过程有助于用户更好地理解数据的特征、趋势和模式。

2) 数据的差分

数据的差分是指对数据序列中的元素进行相邻差异的计算,通常用于时间序列分析或信号处理。差分的目的是提取数据中的趋势、周期性或其他特征,以便更好地进行分析和建模。

图 11-29 给出了数组的分组计算和差分的示例代码。

例 11.8　一家农业科技公司的数据分析师需要通过收集的作物参量数据和相应的气象数据来分析农业产量和气象条件之间的关系。编写一个程序,实现对农作物产量和气象条件的分组计算和差分。

使用 ChatGPT 编写的代码如图 11-30 所示。

10. 读写文件

在实际情况中,数据通常存储在文件中,而不是在代码中。文件类型有很多种,如 CSV、Excel、JSON 等。

1) 读取文件

读取文件可以使用 Python 的 Pandas 库中的 open() 函数。

图 11-31 所示的代码是打开文件并读取文件。

```
# 原始数组
original_array = [value1, value2, value3, ...]

# 分组计算
1 个用法
def group_calculation(array, group_size, func):
    result = []
    for i in range(0, len(array), group_size):
        group = array[i:i+group_size]
        result.append(func(group))
    return result

# 定义分组计算的函数
1 个用法
def group_mean(group):
    return np.mean(group)

# 定义分组大小
group_size = 3

# 对原始数组进行分组计算
grouped_results = group_calculation(original_array, group_size, group_mean)

# 差分计算
diff_array = np.diff(original_array)

print("分组计算结果: ", grouped_results)
print("差分计算结果: ", diff_array)
```

图 11-29　分组计算和差分

```
import pandas as pd

# 假设有一个包含农业产量和气象数据的DataFrame
data = {'Crop': ['Wheat', 'Barley', 'Wheat', 'Barley', 'Wheat', 'Barley'],
        'Yield': [50, 30, 45, 25, 55, 20],
        'Temperature': [25, 20, 22, 18, 26, 19],
        'Rainfall': [10, 5, 8, 3, 12, 4]}

df = pd.DataFrame(data)

# 1. 分组计算
crop_grouped = df.groupby('Crop').agg({'Yield': ['mean', 'max', 'min']})
print("1. 分组计算结果: ")
print(crop_grouped)

# 2. 差分
df_diff = df.diff()
print("\n2. 差分结果: ")
print(df_diff)

# 3. 综合分析
# 假设气象因素对产量的影响, 可以继续分析相关性等信息
```

图 11-30　作物产量数据和气象数据的分组计算和差分

```
# 打开文件
with open('file.txt', 'r') as file:
    # 读取文件内容
    content = file.read()

# 打印文件内容
print(content)
```

图 11-31　打开文件并读取文件

在这个例子中,open('file.txt','r') 表示打开名为 file.txt 的文件以供读取。'r'参数表示只读模式。with 语句用于确保在使用文件后自动关闭文件。

2) 写入文件

想要将处理后的数据保存到文件中,可以使用 Pandas 库提供的方法将 DataFrame 数据写入文件。

图 11-32 所示的代码是打开文件并在文件中写入内容。

```
# 打开文件
with open('file.txt', 'w') as file:
    # 写入内容
    file.write("这是一些内容")

print("内容已写入文件")
```

图 11-32　打开文件并写入内容

在这个例子中,open('output.txt','w') 表示打开名为 output.txt 的文件以供写入。'w'参数表示写入模式。如果文件不存在,则会创建一个新文件;如果文件已存在,则会清空文件内容。

❖ 本 章 小 结

(1) 本章介绍了创建数组与数据进行分析和处理的方法,通过 Pandas 库和 NumPy 库包含的各种方法,用户可以将复杂零乱的数据整理成简洁有序的数据,从而减少工作量,避免一些非专业性的错误。

(2) Pandas 库和 NumPy 库是两个大型工具包,里面有很多处理数据的工具。通过使用这些工具,用户能够根据自己的需要来整理和调整数据,达到对数据进行分析和处理的目的。

❖ 本 章 习 题

一、选择题

1. 在 Python 中,通常用于数据分析和处理的库是(　　　)。

　　A. Pandas 　　　　　　　　　　　　B. NumPy

　　C. A 和 B 　　　　　　　　　　　　D. Plotly

2. 在 Pandas 库中，从 CSV 文件中读取数据的方法是（　　　）。

　　A. pd.read('file.csv') 　　　　　　　B. pd.read_csv('file.csv')

　　C. pd.csv('file.csv') 　　　　　　　D. pd.write('file.csv')

3. 在 Pandas 库中，计算 DataFrame 中某一列的平均值的方法是（　　　）。

　　A. df['column'].mean()

　　B. df['column'].average()

　　C. df['column'].sum() / len(df['column'])

　　D. df['column'].average()/len(df['column'])

4. 在 Pandas 库中，根据某一列对数据进行分组的方法是（　　　）。

　　A. df.sortby('column') 　　　　　　B. df.group('column')

　　C. df.sort('column') 　　　　　　　D. df.groupby('column')

二、判断题

1. 在 Python 中，可以使用 NumPy 库的 shape 属性来获取 NumPy 数组的长度。

　　　　　　　　　　　　　　　　　　　　　　　　　　　　　　　（　　　）

2. 在 Python 中，Pandas 库可以用于处理和分析数据。　　　　　　（　　　）

3. 在 Pandas 中，可以使用 df.read_csv('file.csv')从 CSV 文件中读取数据。　（　　　）

4. 在 Pandas 中，可以使用 df['column'].mean()计算 DataFrame 中某一列的平均值。

　　　　　　　　　　　　　　　　　　　　　　　　　　　　　　　（　　　）

5. 在 Pandas 中，可以使用 df.groupby('column')根据某一列对数据进行分组。　（　　　）

三、操作题

1.某文件包含某公司一年内每天的销售数据，文件名为 sales.csv，其中包含 3 列：date（日期）、product（产品）和 sales（销售额）。请使用 Pandas 库读取这个文件，并完成以下任务：

　　（1）计算该公司全年的总销售额；

　　（2）找出销售额最高的产品。

2. 某文件包含运动员一年内每天的表现数据，文件名为 performance.csv，其中包含 3 列：date（日期）、athlete（运动员）和 performance（表现）。请使用 Pandas 库读取这个文件，并完成以下任务：

　　（1）计算运动员全年的平均表现；

　　（2）找出表现最好的运动员。

3. 某文件包含某网站一年内每天的社交媒体数据，文件名为 social_media.csv，其中包含 3 列：date（日期）、platform（平台）和 engagement（参与度）。请使用 Pandas 库读取这个文件，并完成以下任务：

　　（1）计算该网站全年的平均参与度；

　　（2）找出参与度最高的平台。

◈ 拓展阅读

（一）Pandas 库

Pandas 库的来历可以追溯到 2008 年，当时由 AQR Capital Management 的分析师 Wes McKinney 开始开发，他最初的目标是创建一个更灵活、更强大的工具，用于处理金融数据。在接下来的几年里，Pandas 库得到了越来越多的贡献者和用户的支持，逐渐成了 Python 生态系统中重要的数据分析工具之一。

Pandas 库是 Python 中用于数据分析和处理的重要工具，它提供了灵活的数据结构，如 DataFrame 和 Series，以及丰富的功能，包括数据导入和导出、数据清洗和预处理、数据选择和过滤、数据操作、数据合并和连接、数据分组和聚合、时间序列分析以及可视化，使用户能够轻松地处理各种类型和规模的结构化数据，从而加速了数据分析和挖掘的过程。

（二）NumPy 库

NumPy(Numerical Python)库的发展始于 2005 年，由 Travis Oliphant 领导的一个团队创建。NumPy 旨在提供 Python 语言的数值计算功能，特别是针对多维数组的操作。当时，Python 虽然是一种易学易用的高级编程语言，但其在数值计算方面的性能较差，这主要是因为 Python 的列表(list)结构并不适合高效的数值计算。为了解决这一问题，NumPy 引入了多维数组(ndarray)，这是一个连续的、同质的数据结构，能够更好地支持向量化操作，从而提高了数值计算的效率。

NumPy 库的设计受到了 MATLAB 等科学计算软件的影响，它为 Python 提供了类似于 MATLAB 的数组操作接口，使得科学家、工程师和研究人员能够轻松地将现有的数值计算代码转移到 Python 平台上。此外，NumPy 还提供了丰富的数学函数和线性代数操作，使得用户能够方便地进行各种科学计算。

NumPy 的成功也得益于其开放源代码的特性，使得用户可以自由地使用、修改和分发代码，同时也吸引了大量的贡献者和用户，形成了一个活跃的社区。NumPy 也成为了许多其他科学计算库的基础，如 SciPy、Pandas、matplotlib 等，进一步推动了 Python 在科学计算领域的发展。

总的来说，NumPy 的诞生填补了 Python 在数值计算方面的空白，为 Python 成为一种全面的科学计算语言奠定了基础，成为 Python 生态系统中不可或缺的重要组成部分。

## 第 12 章

数据可视化

数据采集、数据分析、数据可视化是数据分析完整流程的三个主要环节。数据采集主要是指从各种类型的文件中读取数据,或者编写网络爬虫在网络上爬取数据,可以参考本书第 9、10 章的内容。本章则通过多个案例介绍 Python 扩展库 matplotlib 在数据可视化方面的应用。

本章学习目标

一、知识目标

1. 理解数据可视化的过程。

2. 通过例题掌握 matplotlib 库的使用。

3. 尝试与爬虫结合使用。

二、技能目标

1. 掌握折线图、散点图、饼图、柱形图的绘制。

2. 尝试三维图形的绘制。

3. 结合爬虫实现数据可视化。

三、情感态度与价值目标

1. 从实践中学习知识,践行实践是真理的唯一标准。

2. 学会高效地处理数据,绘制优秀的图表。

◈ 12.1 数据可视化的概念

在 Python 数据可视化中,主要概念包括以下几点。

- 数据探索:在数据分析的过程中,首先需要对数据进行探索,了解数据的基本特征、分布、异常值等,以便后续进行更深入的分析。

- 数据可视化:将数据以图表、图形等形式展示,使数据更加直观、易于理解。数据可视化有助于揭示数据中的规律、趋势和关系,为数据分析提供有力的支持。

- 可视化类型:根据数据之间的关系和变量个数,可视化可以分为比较、联系、构成和分布四种类型。此外,还有单变量分析和多变量分析两种类型。

- 常用库:在 Python 中,有很多用于数据可视化的库,如 matplotlib、Seaborn 等。这些库提供了丰富的图表类型和功能,可以满足各种数据可视化的需求。

- 数据处理与分析：在数据可视化之前，通常需要对数据进行处理和分析，如清洗、筛选、计算统计量等。这有助于确保数据的质量和准确性，从而使可视化结果更有价值。
- 交互式可视化：交互式可视化允许用户通过鼠标、键盘等设备与图表进行交互，如过滤、排序、缩放等。这有助于用户更深入地探索数据，发现更多的潜在信息。
- 应用场景：Python 数据可视化广泛应用于统计分析、数据挖掘、商业智能、科学研究等领域，可以帮助人们更好地理解和利用数据。

总之，Python 数据可视化是一个实用且强大的工具，通过图表等形式将数据直观地展示出来，有助于发现数据中的有价值信息，为决策和分析提供有力的支持。

本节主要使用 matplotlib 库绘制相关图表，读者可以通过具体实例的代码来感受数据可视化的魅力。

◇ 12.2 实验一：二维图形

例 12.1 通过在 PyCharm 中绘制带有中文标题、标签和图例的正弦图像和余弦图像，在实践中进一步地学习 matplotlib 库。正应了那句"实践是检验真理的唯一标准"，将上述内容输入，引导 Copilot 生成的示例代码如下：

```python
import numpy as np
import matplotlib.pyplot as plt
x = np.linspace(0, 10, 1000)
y = np.sin(x)
z = np.cos(x)
plt.figure(figsize=(8,4))
plt.plot(x,y,label="$sin(x)$",color="red",linewidth=2)
plt.plot(x,z,"b--",label="$cos(x)$")
plt.xlabel("Time(s)")
plt.ylabel("Volt")
plt.title("PyPlot First Example")
plt.ylim(-1.2,1.2)
plt.legend()
plt.show()
```

这段代码首先导入了 NumPy 和 matplotlib 库，然后生成了一个从 0 到 2π 的线性空间，接着使用 NumPy 库的 sin 函数和 cos 函数计算正弦值和余弦值。之后，使用 matplotlib 的 plot 函数绘制了这两条曲线，并设置了中文标题、x 轴和 y 轴标签以及图例。最后，使用 show 函数显示了图形。

请注意，要在 PyCharm 中运行此代码，需要确保已经安装了 matplotlib 库，并且已在代码中导入它。如果还没有安装这个库，可以使用以下命令进行安装：pip install matplotlib。

安装完成后，就可以在 PyCharm 中运行上面的代码来绘制图像了。

PyCharm 中的运行结果如图 12-1 所示。

例 12.2 尝试绘制散点图，将点改为小五角星，体现"星星之火，可以燎原"之势。将问题输入 Copilot，辅助生成代码，注意语言描述，可以分两步输入，特别强调将点改为五角星，

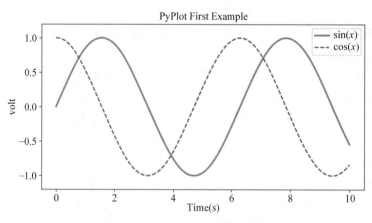

图 12-1　PyCharm 中的运行结果

生成了以下代码示例：

```
import numpy as np
import matplotlib.pyplot as plt
x = np.random.randn(100)
y = np.random.randn(100)
plt.scatter(x,y,marker="*",color="red",s=25)
plt.show()
```

将这段代码放入 PyCharm 中运行，结果如图 12-2 所示。

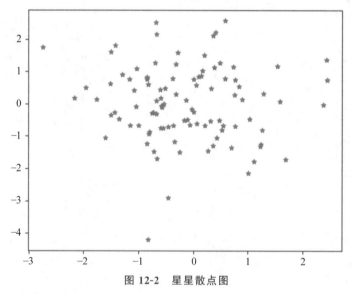

图 12-2　星星散点图

scatter 是 matplotlib（一个 Python 绘图库）中的一个函数，用于创建散点图。散点图是一种用于显示两个变量之间关系的图表，其中一个变量沿 x 轴，另一个变量沿 y 轴。可以使用 matplotlib 中的 scatter 函数设置 marker 参数。

星星之火，可以燎原。让我们共同点燃学习的火种，让思想的光芒照亮未来的道路。无论是在校园还是社会的角落，都让这生生不息的力量不断传递，不断发扬。因为只有不断学习，砥砺前行，我们才能走向更加美好和辉煌的明天。

例 **12.3**　尝试绘制一个步阶图,克服各种困难,最终得到一个五角星,展现学生积极向上的精神风貌。首先要了解 matplotlib 库自带了可以绘制步阶图的方法。

示例代码如下:

```python
import matplotlib.pyplot as plt
import numpy as np

#创建一个数列,表示逐步上升的步骤
steps = list(range(1, 8))

#创建一个数列,表示每一步的位置
positions = [0.5 * i for i in steps]

#绘制逐步上升的线条
x = np.linspace(0, 7, 1000)
y = np.sin(x) * 5 + 5
y = np.where(x < 3, y + np.sin(x * 2) * 3, y)       #添加一个波谷
y = np.where(x < 5, y + np.sin(x * 4) * 2, y)       #添加一个波谷
y = np.where(x < 7, y + np.sin(x * 8) * 1, y)       #添加一个波谷
plt.plot(x, y, '-o', label='Curved Step')

#添加一个五角星作为最后的步骤
plt.scatter(7, 8.8, marker='*', color='red', label='Star')

#添加标题和轴标签
plt.title('Curved Step Chart')
plt.xlabel('Position')
plt.ylabel('Step')

#显示图例
plt.legend()

#显示图形
plt.show()
```

运行结果如图 12-3 所示。

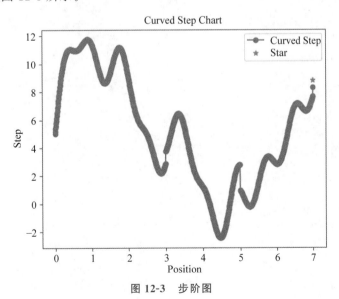

图 **12-3**　步阶图

　　这段代码使用 NumPy 中的 linspace 函数创建了一个从 0 到 7 的等距数列,然后使用 sin 函数创建了一个类似于正弦波的曲线。调整该曲线的振幅和纵坐标,使其在 5 到 10 之间波动,并确保它在最后一步上升到 7。

　　常用参数详解如下。

　　x:array_like,表示 x 轴上的值。

　　y:array_like,表示 y 轴上的值。

　　where:{'pre','post','mid'},表示折线在 x 轴和 y 轴交点处是前面还是后面开始绘制。默认为'pre'。

　　data:DataFrame,Series,array_like,为可选参数,如果指定了 data,则可以直接使用 DataFrame 或 Series 中的列名作为其他参数的变量名。

　　label:str,为可选参数,用于标注线条的名称。

　　color:可以是单个颜色(例如'red'),也可以是颜色列表。如果指定了多个颜色,则会对每个线条依次循环使用这些颜色。

　　linestyle:{'_','-','_.',':',' ',(offset,on-off-seq),⋯},为可选参数,用来指定线条的样式。

　　linewidth:float,为可选参数,用来指定线条宽度。

　　alpha:float,为可选参数,用来指定线条透明度。

　　例 12.4　尝试绘制一个饼图和一个柱形图,并用数据填充这两个数据统计图形。

　　在实验中,分别将图形要求输入人工智能工具,如果有要求,可以加上数据内容,也可以自己在代码中修改。饼图的实例代码如下:

```python
#尝试绘制一个饼图
import matplotlib.pyplot as plt
import numpy as np
labels = 'F', 'H', 'D', 'L'
sizes = [15, 30, 45, 10]      #每个部分的占比
explode = (0, 0.1, 0, 0)      #突出显示第二部分
plt.pie(sizes,explode=explode,labels=labels,autopct='%1.1f%%', shadow=False,
startangle=90)
plt.axis('equal')
plt.show()
```

柱形图的实例代码如下:

```python
import matplotlib.pyplot as plt
#数据
labels = ['A', 'B', 'C', 'D']
values = [30, 20, 40, 10]
colors = ['#ff9999', '#66b3ff', '#99ff99', '#ffcc99']
#绘制柱形图
plt.bar(labels, values, color=colors)
#添加标题和轴标签
plt.title('柱形图示例')
plt.xlabel('标签')
plt.ylabel('值')
#显示图形
plt.show()
```

运行结果如图 12-4 和图 12-5 所示。

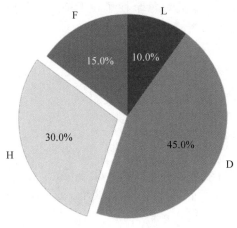

图 12-4　饼图

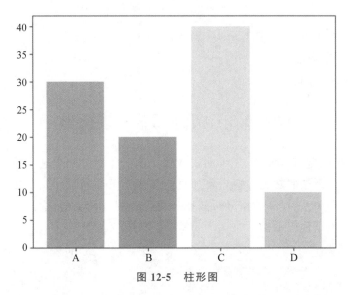

图 12-5　柱形图

在饼图示例中，首先定义了一些数据，如标签、每个部分的大小和颜色。然后，使用 plt.
pie() 函数绘制饼图，并使用 explode 参数突出显示某一部分。最后，使用 plt.show() 函数显
示图形。学习者可以根据需求调整这些数据，以绘制饼图。

常用参数详解如下。

x：饼图划分的数值数据。

labels：饼图每个部分对应的标签文本。

colors：饼图每个部分的颜色。

autopct：控制每个饼块内部文本的格式化方式，例如'％1.1f％％'.

explode：饼图中每个部分距离圆心的偏移量，以列表形式提供。

shadow：是否显示阴影效果。

startangle：起始角度，可以设置旋转的起点，默认是 0 度。

radius：饼图的半径大小。

在柱形图示例中，首先定义了一些数据，如标签和每个标签的值。然后，使用 plt.bar() 函数绘制柱形图，并使用 color 参数为每个柱子设置颜色。最后，添加了一个标题和轴标签，并使用 plt.show() 函数显示图形。

可以根据需求调整这些数据以绘制柱形图。

常用参数详解如下。

x：输入数据。

bins：直方图的柱子数目。

range：x 轴的范围，元组形式。

density：是否将直方图归一化。

cumulative：是否需要计算累积分布。

histtype：直方图类型，可选'ba'、'barstacked'、'step'、'stepfilled'。

color：柱子颜色。

alpha：透明度。

label：标签。

orientation：柱子方向，可选'horizontal'或'vertical'。

edgecolor：边框颜色。

linewidth：边框宽度。

◆ 12.3　实验二：三维图形

例 12.5　尝试绘制三维曲线，三维曲线能够以图形化的方式表达三维空间中的函数关系或几何形状，使得复杂的数据和概念更加直观易懂。下面通过一个简单的三维图形的绘制，把握其表达复杂关系、提高数据分析效率和优化工程设计上的优势。在 Copilot 中输入这个要求，会得到以下代码示例：

```python
#尝试绘制三维曲线
import matplotlib.pyplot as plt
import numpy as np
from mpl_toolkits.mplot3d import Axes3D
fig = plt.figure()
ax = Axes3D(fig)
x = np.arange(-4, 4, 0.25)
y = np.arange(-4, 4, 0.25)
X, Y = np.meshgrid(x, y)    #网格的创建，将x,y的坐标点进行了排列组合
R = np.sqrt(X ** 2 + Y ** 2)
Z = np.sin(R)
ax.plot_surface(X, Y, Z, rstride=1, cstride=1, cmap=plt.get_cmap('rainbow'))
                        #绘制三维图形
ax.contourf(X, Y, Z, zdir='z', offset=-2, cmap=plt.get_cmap('rainbow'))
                        #绘制等高线图
ax.set_zlim(-2, 2)
plt.show()
```

运行结果如图 12-6 所示。

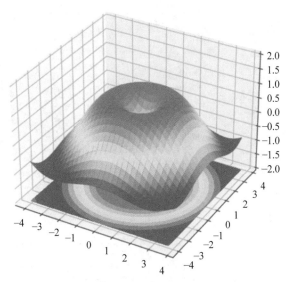

图 12-6　三维曲线图

上述代码创建了一个 figure 对象,这是所有图形的底层容器。创建了一个三维坐标 Axes3D,用于绘制三维图形。使用 np.arange 函数创建 x 和 y 的坐标数组,这些坐标将用于创建网格。使用 np.meshgrid 函数创建一个网格,这个网格由 x 和 y 的坐标点阵组成,用于生成 X 和 Y 的坐标矩阵。计算 R 值,即每个点(X,Y)到原点(0,0)的距离。计算 Z 值,即 R 的正弦值,用于生成高度信息。使用 plot_surface 方法绘制三维曲面图,其中 rstride 和 cstride 参数指定了网格的行和列的步进,cmap 参数指定了颜色映射。使用 contourf 方法绘制 Z 的等高线图,zdir 参数指定了等高线的方向,offset 参数用于设置 Z 轴的偏移量,这样等高线图就会在曲面图下方显示。设置 Z 轴的显示范围为 −2 到 2。使用 plt.show()函数显示图形。

例 12.6　尝试绘制三维柱形图。仿照绘制三维曲线的内容进行绘制。将任务要求输入人工智能工具中,会得到以下代码示例:

```python
import matplotlib.pyplot as plt
import numpy as np

#创建一个新的三维图形对象
fig = plt.figure()
ax = plt.axes(projection='3d')

#生成一些随机数据
x = np.random.randint(1, 10, size=10)
y = np.random.randint(1, 10, size=10)
z = np.zeros(10)

#设置数据条的颜色
colors = np.random.rand(10, 4)          #每个颜色值的范围是 0~1

#绘制三维柱形图
```

```
ax.bar3d(x, y, z, dx=0.8, dy=0.8, dz=z, color=colors)

#设置坐标轴标签
ax.set_xlabel('X')
ax.set_ylabel('Y')
ax.set_zlabel('Z')

#显示图形
plt.show()
```

运行结果如图 12-7 所示。

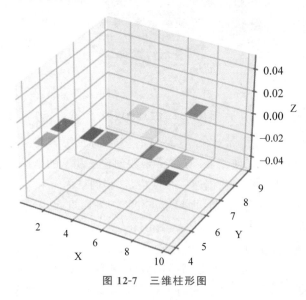

图 12-7   三维柱形图

◈ 12.4   拓 展 实 验

例 12.7   海龟绘图（turtle graphics）是一种非常有趣的图形绘制库，它基于 Python 编程语言。这个库的灵感来源于 Logo 语言，它通过控制一个小海龟（turtle）在屏幕上移动来绘制图形。

下面是关于海龟绘图的一些特点。

- 简单直观。海龟绘图提供了一种直观、简单的方式来绘制图形。用户只需要告诉小海龟要做什么，它就会执行。
- 易于学习。对于初学者来说，海龟绘图是一个很好的选择，因为它非常容易理解。
- 功能丰富。虽然海龟绘图看起来简单，但它实际上可以绘制非常复杂的图形。
- 可扩展性。可以通过编写自定义函数和类来扩展海龟绘图的功能。

尝试绘制一个类似于奥运五环的图形，尝试修改其大小及颜色。示例代码如下：

```
import turtle
#第一个圆
turtle.width(10)
turtle.color("blue")
```

```
turtle.circle(50)
#第二个圆
turtle.penup()
turtle.goto(80,0)
turtle.pendown()
turtle.color("black")
turtle.circle(50)
#第三个圆
turtle.penup()
turtle.goto(160,0)
turtle.pendown()
turtle.color("red")
turtle.circle(50)
#第四个圆
turtle.penup()
turtle.goto(40,-60)
turtle.pendown()
turtle.color("yellow")
turtle.circle(50)
#第五个圆
turtle.penup()
turtle.goto(115,-60)
turtle.pendown()
turtle.color("orange")
turtle.circle(50)
turtle.done()
```

运行结果如图 12-8 所示。

图 12-8　奥运五环

例 12.8　进行实例操作,结合前面学习的爬虫知识,爬写某一城市的天气情况,并进行数据可视化处理。

以下代码实现了网页数据的爬写。

```
import requests              #模拟浏览器进行网络请求
from lxml import etree       #进行数据预处理
import csv                   #写入 CSV 文件
def getWeather(url):
    weather_info = []        #新建一个列表,将爬取的天气数据放进去
    #请求头信息:浏览器版本型号,接收数据的编码格式
    headers = {
        #必填,否则拿不到数据
```

```
            'User-Agent': 'Mozilla/5.0 (Windows NT 6.1; WOW64) AppleWebKit/535.1
(KHTML, like Gecko) Chrome/14.0.835.163 Safari/535.1'
    }
    #请求接收响应数据
    resp = requests.get(url, headers=headers)
    #数据预处理
    resp_html = etree.HTML(resp.text)
    #xpath 提取所有数据
    resp_list = resp_html.xpath("//ul[@class='thrui']/li")
    #for 循环迭代遍历
    for li in resp_list:
        day_weather_info = {}
        #日期
        day_weather_info['date_time'] = li.xpath("./div[1]/text()")[0].split(' ')
[0]
        #最高气温（包含摄氏度符号）
        high = li.xpath("./div[2]/text()")[0]
        day_weather_info['high'] = high[:high.find('℃')]
        #最低气温
        low = li.xpath("./div[3]/text()")[0]
        day_weather_info['low'] = low[:low.find('℃')]
        #天气
        day_weather_info['weather'] = li.xpath("./div[4]/text()")[0]
        weather_info.append(day_weather_info)
    return weather_info
weathers = []
#for 循环生成有顺序的 1~12
for month in range(1, 13):
    #获取某一月的天气信息
    #三元表达式
    weather_time = '2022' + ('0' + str(month) if month < 10 else str(month))
    print(weather_time)
    url = f'https://lishi.tianqi.com/changsha/{weather_time}.html'
    #爬虫获取这个月的天气信息
    weather = getWeather(url)
    #存到列表中
    weathers.append(weather)
print(weathers)
#数据写入（一次性写入）
with open("weather.csv", "w",newline='') as csvfile:
    writer = csv.writer(csvfile)
    #先写入列名:columns_name 日期 最高气温 最低气温   天气
    writer.writerow(["日期", "最高气温", "最低气温", '天气'])
    #一次写入多行用 writerows(写入的数据类型是列表,一个列表对应一行)
    writer.writerows([list(day_weather_dict.values()) for month_weather in
weathers for day_weather_dict in month_weather])
```

接下来对于爬取的数据进行可视化处理,代码如下:

```
#数据分析 读取 处理 存储
import pandas as pd
from pyecharts import options as opts
from pyecharts.charts import Pie ,Bar,Timeline
#用 pandas.read_csv()读取指定的 Excel 文件,选择编码格式 gb18030(gb18030 范围比)
df = pd.read_csv('weather.csv',encoding='gb18030')
print(df['日期'])
#datatime  Series DataFrame  日期格式的数据类型 month
df['日期'] = df['日期'].apply(lambda x: pd.to_datetime(x))
print(df['日期'])
#新建一列月份数据(将日期中的月份 month 一项单独拿取出来)
df['month'] = df['日期'].dt.month
print(df['month'])
#需要的数据 每个月中每种天气出现的次数
#DataFrame GroupBy 聚合对象 分组和统计的 size()能够计算分组的大小
df_agg = df.groupby(['month','天气']).size().reset_index()
print(df_agg)
#设置下这三列的列名
df_agg.columns = ['month','tianqi','count']
print(df_agg)
#天气数据的形成 values numpy 数组 tolist 列表数据
print(df_agg[df_agg['month']==1][['tianqi','count']]\
    .sort_values(by='count',ascending=False).values.tolist())
#画图
#实例化一个时间序列的对象
timeline = Timeline()
#播放参数:设置时间间隔单位是:ms(毫秒)
timeline.add_schema(play_interval=1000)        #单位是:ms(毫秒)
#循环遍历 df_agg['month']里的唯一值
for month in df_agg['month'].unique():
    data = (
        df_agg[df_agg['month']==month][['tianqi','count']]
        .sort_values(by='count',ascending=True)
        .values.tolist()
    )
    #print(data)
    #绘制柱形图
    bar = Bar()
    #x 轴是天气名称
    bar.add_xaxis([x[0] for x in data])
    #y 轴是出现次数
    bar.add_yaxis('',[x[1] for x in data])
    #让柱形图横着放
    bar.reversal_axis()
    #将计数标签放置在图形右边
    bar.set_series_opts(label_opts=opts.LabelOpts(position='right'))
    #设置下图表的名称
    bar.set_global_opts(title_opts=opts.TitleOpts(title='长沙 2022 年每月天气变
化'))
    #将设置好的 bar 对象放置到时间轮播图当中,并且标签选择月份,格式为:数字月
    timeline.add(bar, f'{month}月')
#将设置好的图表保存为'weathers.html'文件
timeline.render('weathers1.html')
```

将代码放到 PyCharm 中运行，实现了对于某整年的天气情况的轮播图展示，自动展示从 1 月到 12 月具体情况如图 12-9 所示。

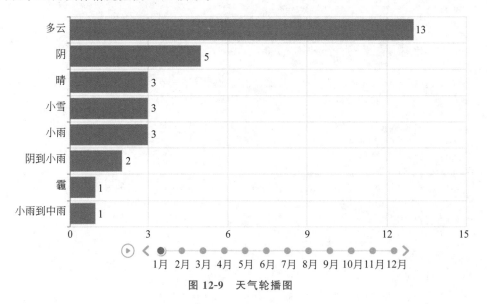

图 12-9　天气轮播图

◆ 本 章 小 结

首先，对于不同类型的数据和目标，选择适当的图表类型非常重要。例如，使用柱形图比较类别之间的值，使用折线图展示时间序列数据，使用散点图显示变量之间的相关关系等。了解各种图表类型及其应用场景有助于有效传达数据。其次，在进行可视化之前，对数据进行适当的整理和预处理非常重要，包括删除缺失值、处理离群值、转换数据类型等。还可以通过聚合、分组或筛选数据来减少可视化中的冗余信息。学习数据可视化是一个在实践中学习的过程。通过实践和尝试不同的图表类型和技术，学习者可以逐渐提高自己的数据可视化技能，并能更好地传达和解释数据。记住，在创建图表时，要始终注重数据的准确性和清晰度，以确保有效地传达观察结果。

对于维度，应避免减少，应该从多个变量中选择最重要的几个来展示。表示类型多样，包括定量（条形图、折线图、散点图等）和定性（饼图、柱形图等）表示。同样，对于颜色、形状和大小的规定，可以巧妙使用这些视觉通道来区分和强调不同的数据系列。

◆ 本 章 习 题

一、填空题

1. matplotlib 是 Python 中常用的一个_____库，用于绘制各种静态、动态和交互式的图表。

2. 在 matplotlib 中，使用_____函数可以创建一个新的图表。

3. 调用 matplotlib 中的_____函数可以将数据绘制到图表上。

4. 使用 matplotlib 绘制图表时，可以通过_____函数设置图表的标题，可以通过

_____函数设置坐标轴的标签,可以通过_____函数设置图例。

二、判断题

1. 在数据可视化处理中,散点图适用于展示两个变量之间的关系。　　（　　）

2. 柱形图只能用来展示定量数据,不能用来展示定性数据。　　（　　）

3. 数据可视化处理只能用于展示大数据,对于小数据集来说,没有必要进行可视化处理。　　（　　）

三、选择题

1. 在 Python 中,如果想绘制一个散点图,通常会使用（　　）函数。

　　A. plot()　　　　　　B. scatter()　　　　　C. bar()　　　　　　D. hist()

2. 如果想在一个图表中同时显示多个数据集,比较适合的 Python 库是（　　）。

　　A. matplotlib　　　B. Seaborn　　　　C. Plotly　　　　D. Bokeh

四、简答题和编程题

1. Python 中常用的数据可视化库有哪些?

2. 选择一个数据集,并解释选择该数据集的原因,然后根据该数据集创建一个适当的可视化图表。

3. 在 matplotlib 中,如何设置图表的标题和坐标轴标签?

4. 在 matplotlib 中,如何创建一个新的图表?

5. 假设有一些水果销售数据如下:

```
fruits_sold = {'Apples': 450, 'Bananas': 320, 'Cherries': 250, 'Dates': 180}
```

使用 matplotlib 库绘制一个简单的条形图来展示不同水果的销售数量。

6. 假设有以下两组数据:

```
x= [1,2,3,4,5];y= [2,1,3,1.5,4]
```

绘制一个散点图来展示两组数据点的分布情况。

◆ 拓展阅读

约翰·斯诺(John Snow,1813—1858)是一名英国内科医生,曾经担任过维多利亚女王的私人医师,他在 1854 年宽街霍乱爆发事件研究中作出重大贡献,在排查霍乱传播途径时,他在地图上标记死于霍乱的病人的"霍乱地图"被后人评为历史十佳数据可视化的案例,被认为是麻醉医学和公共卫生医学的开拓者。

当涉及 Python 数据可视化库时,初学者可以更多地去了解 Turtle 库,这是一个 Python 标准库,被广泛用于教学和学习编程的过程,它提供了一个简单而直观的绘图环境,使用海龟(turtle)来进行绘图操作。Turtle 库最初是 Logo 编程语言中的一部分,在 Python 中被重新实现,并成为一个独立的库。它的设计理念是通过控制一个虚拟海龟的移动和操作来进行绘图。用户可以指示海龟向某个方向移动一定的距离、改变方向,或者抬起或放下画笔,从而画出线条或进行填充,最终形成图案。

而 matplotlib 是一个非常强大和使用广泛的工具,它提供了丰富的绘图选项和灵活的定制功能,使用户能够创建各种类型的图表。以下是有关 matplotlib 库的一些高级拓展阅读建议。官方文档和示例：matplotlib 官方文档提供了详细的 API 参考和示例文件,涵盖各种类型的图表和绘图技术,这是学习和使用 matplotlib 的关键资源。可以在 matplotlib 官方网站上找到官方文档和示例。Seaborn 库是基于 matplotlib 的统计数据可视化库,提供了更高级的绘图功能和美观的默认样式,它在探索和呈现统计数据方面非常有用。可以阅读 Seaborn 官方文档和示例来了解更多。Plotly 库是一个交互式数据可视化库,支持生成高质量的交互式图表和可视化效果,它不仅支持 Python,还提供了 JavaScript、R 和其他语言的接口。学习者可以了解 Plotly 和 Plotly Express 的使用方法与可视化功能。

爬虫是一种用于从网络上抓取大量数据的技术,而数据可视化是将数据通过视觉化图表、图形和动画等方式展示出来的技术。将爬取的数据进行可视化处理是数据分析和探索的重要环节,也是数据科学领域中广泛应用的技术之一。数据可视化技术可以更好地理解和探索爬取的数据,发现其中隐藏的模式、趋势和意义。数据可视化不仅能够提高数据分析的效率与准确性,还可以使得数据的呈现更具有说服力与沟通力,帮助学习者更好地向他人传达所获取的见解和发现。

(链接来源：Turtle 库：Python Turtle 帮助文档；matplotlib 库：matplotlib — Visualization with Python；Seaborn 库：Seaborn 简介)

## 第 13 章

AI 赋能编程与算法竞赛

在当今社会,人工智能的应用越来越广泛,例如 AI 绘图、AI 写作、AI 聊天等。大众开始学习如何利用人工智能这一便捷高效的工具,程序员也越来越多地使用 AI 辅助编程。国外的 ChatGPT、Github Copilot,国内的文心一言、讯飞星火等大语言模型的用户数量呈爆发式增长。本章将运用 AI 辅助完成编程和算法竞赛的题目,帮助读者了解如何运用 AI 更高效地编写程序。

本章学习目标

一、知识目标

1. 了解一些竞赛项目和算法概念。

2. 熟悉基本的排序和搜索算法。

3. 熟悉六类算法设计方法。

二、技能目标

1. 能够运用算法解决基本的编程问题。

2. 将 AI 技术应用于算法竞赛题目中,提升解题效率。

三、感情态度与价值目标

1. 培养创新思维和团队协作能力。

2. 理解数据科学在算法竞赛中的作用。

◆ 13.1 编程竞赛项目介绍

编程竞赛既是一种考查和展示个人编程能力的方式,也是一个推动编程技能学习和交流的平台。参赛者需要利用自己的编程知识和技能解决一系列预先设定的问题,这些问题通常包括算法设计、数据结构和软件开发等领域的任务。编程竞赛可以以个人或团队的形式进行,有时也会设立不同难度的级别或组别,以适应不同年龄段和技能水平的参赛者。

编程竞赛的评判标准通常是根据参赛者解决问题的速度和准确性来确定的,有些竞赛还会对代码的优化程度、创新性以及可读性等方面进行评分。参赛者需要在规定的时间内尽可能准确地完成尽可能多的问题,以获得更高的排名。下面介绍两个知名度较高的编程竞赛——蓝桥杯大赛和 ICPC。

蓝桥杯大赛(图 13-1)是国内热门的软件和信息技术竞赛,旨在促进计算机科学教育和技能培养。比赛主要分为程序设计和软件开发两大类,每类中又有不同的编程语言和设计方向。比赛的选手以小组的形式参加，要求在规定时间内解决一系列计算机科学问题，分为初赛和复赛，且各省份自己出题，涉及算法设计、编程能力和实际问题的解决，对选手的编程水平、算法思维和创新能力提出了很高的要求。

ICPC 的全称为国际大学生程序设计竞赛（International Collegiate Programming Contest，图 13-2），原由美国计算机协会（ACM）主办。作为全球范围内最具权威性和影响力的比赛之一，ICPC 对参赛团队的水平要求更高。竞赛进行 5 小时，一般有 7 道或以上的试题，由同队的 3 名选手使用同一台计算机协作完成，其赛制包括各大洲区域赛和全球总决赛。参赛队伍要先通过本地赛和区域赛的选拔，才能晋级到全球总决赛。进入全球总决赛的队伍都是世界各地的顶尖大学生编程设计选手，代表了高水平的编程能力和团队协作能力。

图 13-1　蓝桥杯　　　　　　　　　　　　　图 13-2　ICPC

除了上述两个竞赛外，还有全国青少年信息学奥林匹克竞赛（NOI）、克罗地亚信息学奥林匹克竞赛（COCI）、国际信息学奥林匹克竞赛（IOI）、美国中学生计算机竞赛（USACO）等。尽管这些竞赛的题目对于一般学生来说难度较大，并不适合作为日常练习，但它们所涉及的算法知识对于提升编程技能及解决实际问题具有很大的帮助。

接下来将借助 AI 来认识和学习一些竞赛中常见的编程方法和算法知识，并尝试解决实际竞赛题目。AI 辅助编程工具众多，这里选择 ChatGPT 和 Copilot 作为辅助工具。在解答例题时会使用 AI 辅助生成解题思路，必要时也可以使用 AI 生成程序代码供学习者厘清思路与解决问题。

◆ 13.2　排序和搜索算法

在日常生活中，人们无论是在图书馆里查找一本特定的书，还是在手机联系人中找到一个朋友，都无意识地使用了排序和搜索算法。在计算机领域，排序和搜索算法是处理数据的基础，它们能够帮助人们高效地管理大量数据，快速找到所需的信息。本章将介绍几种常用的排序和搜索算法，并讨论它们在实际应用中的优缺点。通过了解这些算法，学习者可以更好地理解它们在实际应用中的效果，并根据具体情况选择最合适的算法。

13.2.1　排序算法概述

在实际应用中，排序的重要性不言而喻。在编程中，排序也是一种常见的数据操作，每个排序算法都有其独特的优点和应用场景。较为常见的排序算法包括冒泡排序、选择排序、插入排序、快速排序和计数排序。排序算法可分为两种主要类型：比较排序和非比较排序。

13.2.2　比较排序

比较排序算法通过比较元素之间的大小关系进行排序。常见的比较排序算法包括冒泡排序、选择排序、插入排序、快速排序和归并排序。比较排序的优点是适用性广,任何可比较的元素都可以使用;缺点是排序过程中需要进行大量的比较操作,对于大数据集来说,效率可能不高。在学习本节的内容时,请注意分析和比较各排序方法的优缺点和适用范围。

下面给出例题,读者可以尝试用不同的方法实现代码并求得题解。

例 13.1　对一组学生成绩(列表 scores)从小到大进行排序。

```
scores = [77, 89, 65, 92, 68, 75, 85, 88, 95, 100, 67, 80, 86, 93, 94]
```

1. 冒泡排序

冒泡排序(bubble sort)每次比较相邻的两个元素,如果它们的顺序错误,则交换它们的位置。这样,每一轮都会使最大(或最小)的元素移动到末尾。整个过程如同一个气泡浮到水面上,故名"冒泡排序"。例如:

```
def bubble_sort(arr):
    n = len(arr)
    for i in range(n):
        #创建一个标志,用于优化冒泡排序
        swapped = False
        #由于每次大的数字都会像气泡一样"浮"到数组的末尾,所以每次都可以少比较一次
        for j in range(0, n-i-1):
            #比较相邻的两个元素
            if arr[j] > arr[j+1]:
                #如果前一个元素大于后一个元素,则交换它们
                arr[j], arr[j+1] = arr[j+1], arr[j]
                #设置标志为 True,表示发生了交换
                swapped = True
        #如果在内层循环中没有发生交换,则说明数组已经是有序的,可以直接返回
        if not swapped:
            break

#测试代码
scores = [77, 89, 65, 92, 68, 75, 85, 88, 95, 100, 67, 80, 86, 93, 94]
bubble_sort(scores)
print("排序后的数组为: ")
print(scores)
```

在代码中,bubble_sort 接收一个列表参数 arr,并利用双重循环完成对列表内容的排序。在内层循环中,比较列表中下标为 j 的数与下一个数,如果 arr[j]>arr[j+1],则 arr[j]移到列表中靠后的位置。一轮下来,arr 中最大的数便移动到了最后。

内层循环的次数随 i 的增加而减少,因为最大的数在 i=1 时就移动到了最后,在之后的循环中,其位置不会再改变。最终可以得到:

```
原始数组:[77, 89, 65, 92, 68, 75, 85, 88, 95, 100, 67, 80, 86, 93, 94]
排序后的数组:[65, 67, 68, 75, 77, 80, 85, 86, 88, 89, 92, 93, 94, 95, 100]
```

2. 选择排序

选择排序(selection sort)每次都在未排序部分找到最小(或最大)的元素,然后将其放到已排序部分的末尾。选择排序与冒泡排序的不同是:前者在比较后不交换位置,在内层循环结束后再移动到最后,后者在比较后就会产生交换。在以下代码中,可以更直观地理解

选择排序的特点。

```
def selection_sort(arr):
    n = len(arr)
    #遍历所有元素
    for i in range(n):
        #假设当前位置是最大值的索引
        max_index = 0
        #寻找未排序部分的最大值
        for j in range(n - i):
            if arr[j] > arr[max_index]:
                max_index = j
        #将找到的最大值与当前未排序部分的末尾交换
        arr[max_index], arr[n - 1 - i] = arr[n - 1 - i], arr[max_index]

#示例
scores = [77, 89, 65, 92, 68, 75, 85, 88, 95, 100, 67, 80, 86, 93, 94]
print("原始数组:", scores)
selection_sort(scores)
print("排序后的数组:", scores)
```

该程序的运行结果如下：

```
原始数组: [77, 89, 65, 92, 68, 75, 85, 88, 95, 100, 67, 80, 86, 93, 94]
排序后的数组: [65, 67, 68, 75, 77, 80, 85, 86, 88, 89, 92, 93, 94, 95, 100]
```

该代码定义了一个 max_index 以记录循环范围内最大的数,在每次内层循环结束后,将找到的最大的数与未排序部分的末尾的数交换。两种排序都需要双层循环遍历,所需时间相似,但选择排序通常因为元素交换次数少而速度略快。

3. 插入排序

插入排序(insertion sort)将元素逐个插入已排序序列的合适位置,通常将未排序部分中的元素依次插入已排序的序列中,基本分为以下 3 个步骤:

(1) 将第一个元素视为已排序部分,剩余元素视为未排序部分;

(2) 从未排序部分取出第一个元素,在已排序部分找到合适的位置并插入;

(3) 重复该过程直到所有的元素都被排序,每一次重复后,已排序部分就会多一个元素。

下面是代码示例和运行结果。

```
def insertion_sort(arr):
    n = len(arr)
    #从第二个元素开始遍历
    for i in range(1, n):
        current = arr[i]          #当前待插入的元素
        j = i - 1                 #已排序部分的最后一个元素索引
        #将大于当前元素的元素后移一位
        while j >= 0 and arr[j] > current:
            arr[j + 1] = arr[j]
            j -= 1
        #将当前元素插入正确位置
```

```
            arr[j + 1] = current

#示例
scores = [77, 89, 65, 92, 68, 75, 85, 88, 95, 100, 67, 80, 86, 93, 94]
insertion_sort(scores)
print("排序后的数组:", scores)
#输出："排序后的数组: [65, 67, 68, 75, 77, 80, 85, 86, 88, 89, 92, 93, 94, 95, 100]"
```

插入排序与前面的选择排序有一定的相似性,主要区别在于交换的元素和位置不同。插入排序在数组基本有序时执行效率更高。

4. 快速排序

快速排序(quick sort)通过选择一个基准元素将序列分成两部分,一部分小于基准,另一部分大于基准,然后对这两部分分别递归地进行快速排序。快速排序使用到了递归的思想。例如:

```
def quick_sort(arr):
    if len(arr) <= 1:
        return arr

    pivot = arr[len(arr) // 2]
    less_than_pivot = [x for x in arr if x < pivot]
    equal_to_pivot = [x for x in arr if x == pivot]
    greater_than_pivot = [x for x in arr if x > pivot]
    return (
        quick_sort(less_than_pivot) +
        equal_to_pivot +
        quick_sort(greater_than_pivot)
    )

#示例
scores = [77, 89, 65, 92, 68, 75, 85, 88, 95, 100, 67, 80, 86, 93, 94]
sorted_scores = quick_sort(scores)
print(sorted_scores)
#输出: [65, 67, 68, 75, 77, 80, 85, 86, 88, 89, 92, 93, 94, 95, 100]
```

在快速排序函数中,if 语句是递归的出口,pivot 是基准元素。函数每次运行时,先检查是否只有一个元素。如果 if 成立,则列表不改变,否则将列表根据基准元素分成三部分。三部分分别是小于基准元素、等于基准元素与大于基准元素。当分出的部分足够小(≤1)时,开始返回并拼接所有的最小部分,直到组成原来的长度。

13.2.3　非比较排序

非比较排序不基于比较元素的大小进行排序,而是利用元素的某些特性确定它们的相对顺序。常见的非比较排序有:计数排序、基数排序、桶排序和哈希排序。非比较排序的优点是在处理特定类型的元素时效率很高,缺点是适用范围有限,需要预先知道元素集合的特性,只需要认识计数排序即可。

计数排序(counting sort)通过统计待排序元素中每个元素出现的次数,根据元素的大小顺序将其放到正确的位置上。计数排序与上述四种方法的不同之处在于计数排序会额外地开辟数组空间。新的数组空间存储原先数据中数字的个数，其长度为待排序数组的最大值与最小值的差加 1。

代码实现如下：

```python
def counting_sort(arr):
    #寻找最大值和最小值
    max_val = max(arr)
    min_val = min(arr)
    #计算计数数组的长度
    count_length = max_val - min_val + 1
    #创建计数数组并初始化为 0
    count = [0] * count_length
    #统计每个元素出现的次数
    for num in arr:
        count[num - min_val] += 1
    #根据计数数组重新排列原始数组
    index = 0
    for i in range(count_length):
        while count[i] > 0:
            arr[index] = i + min_val
            index += 1
            count[i] -= 1

    return arr

#示例
scores = [77, 89, 65, 92, 68, 75, 85, 88, 95, 100, 67, 80, 86, 93, 94]
sorted_scores = counting_sort(scores)
print("排序后的数组:", sorted_scores)
#输出: "排序后的数组: [65, 67, 68, 75, 77, 80, 85, 86, 88, 89, 92, 93, 94, 95, 100]"
```

在代码中，首先确定新数组，也就是计数数组的大小 range_val，然后遍历待排序数组。若元素的大小为 num，就在 count[num−min_val] 计一个数。最后，根据计数数组构建排序后的数组。

13.2.4　排序的总结和扩展

至此，我们已经学习了五种排序算法。这五种排序算法在实现方式、复杂度和适用情况上各有特点。对于一般的小型数组，使用简单的冒泡排序和选择排序更为方便。如果使用计数排序，虽然运行时间更短，但需要额外的空间。对于基本有序的数组，插入排序的表现更为优秀。而对于大规模的数据集，快速排序的效率明显高于其他方法。然而，在数组基本有序的情况下，快速排序的处理效率可能会降低。

除此之外，还有谢尔排序、归并排序和堆排序等。每种算法都有其优缺点，使用时需要根据具体情况选择适合的排序算法，以提高效率。

1. sort()函数

语法：list.sort(key=None,reverse=False)。

参数：key 是自定义参数，可以指定元素进行排序；reverse 用于指定排序规则，默认为

False,即非降序。

代码示例如下:

```
arr = [[1, 2, 3], [5, 2, 1], [7, 0, 2], [3, 4, 9], [0, 4, 8]]
arr.sort(key=lambda x: x[1], reverse=True)
#key中定义了lambda函数返回每个字列表中的第二个元素,reserve=True说明以倒序的形式
#排序
print(arr)
```

输出:

```
[[3, 4, 9], [0, 4, 8], [1, 2, 3], [5, 2, 1], [7, 0, 2]]
#[3, 4, 9]排在[0, 4, 8]是因为在当前判断元素相同的情况下,会依次往后比较其他位置元素
#的值
```

2. sorted()函数

与 sorted()函数不同的是,sort()函数没有返回值,它直接对原列表进行更改,而 sorted() 函数返回的是排序后的新列表。

语法:sorted_list=list.sorted(key=None,reserve=True)。

3. sort()函数和 sorted()函数中使用到的排序算法

sort()函数和 sorted()函数中采用的是更高效的 TimSort 排序算法,这是一种结合了 归并排序和插入排序的混合排序算法。该算法在处理部分有序数据时具有很高的效率,并 且在大多数情况下,TimSort 的表现也要优于其他排序算法。所以,在日常编写代码时,程 序员常使用 sort()函数和 sorted()函数进行排序。

13.2.5　搜索算法概述

在现实生活中,搜索已经成为获取信息的重要手段。无论是通过互联网搜索引擎、数据 库进行查询,还是翻阅纸质书籍,搜索都在帮助人们快速定位到所需的信息。在数据规模日 益庞大的今天,搜索算法的重要性愈发凸显,它不仅是计算机科学中的核心技术之一,更在 众多领域,如信息检索、图像处理、数据挖掘等方面发挥着重要作用。

本节将深入探讨几种常见的搜索算法及其特点、工作原理和适用场景。这些算法包括 深度优先搜索(DFS)、广度优先搜索(BFS)、回溯搜索和 A * 搜索等。通过了解这些算法, 读者可以更好地理解搜索算法的基本概念和实现方法,并进一步探索其在不同领域的应用 实例。

13.2.6　深度优先与广度优先搜索

搜索算法中,深度优先搜索和广度优先搜索是比较常见且简单的方法。这两种搜索常 用于图(一种数据结构)的遍历算法,也可以用其中用到的算法思路去解决其他问题。

1. 深度优先搜索

深度优先搜索(depth-first search,DFS)是一种常用的遍历搜索算法,这种算法从根节 点开始,探索尽可能深的分支,直到达到目标节点或无法继续扩展为止,然后返回上一节,继 续探索其他分支。深度优先搜索的方式类似于树或图的遍历,可以用于解决各种问题,如寻 找路径、寻找连通分量等。

接下来用一个数独游戏来简单了解和学习深度优先搜索。

例 13.2 解决下面的数独题目。你需要在一个 3×3 的九宫格中填入数字 1～9,确保每行、每列和每个 3×3 的小九宫格中都包含数字 1～9 且不重复,其中 0 表示空格,如图 13-3 所示。你需要用适当的数字填充这些空格,使得数独题目得以解决。

0	2	0
1	0	3
0	0	0

图 13-3 数独题目

Copilot 指令如下:

//请编写一个 Python 函数,它接收一个 3×3 的二维列表作为参数,这个列表代表了一个数独的初始状态,其中 0 表示空格。函数应该使用回溯算法来填充这些空格,从而解决数独。最后,函数应该返回解决后的数独。初始数独的状态如下:[[0, 2, 0], [1, 0, 3], [0, 0, 0]]。确保解决后的数独满足每行、每列和每个 3×3 的小九宫格中都包含数字 1 到 9,且不重复

AI 给出的思路如下。读者可以根据给出的思路先自行尝试编写出代码,再看 AI 给出的代码与自己的区别。

当解决一个 3×3 数独问题时,我采用了深度优先搜索(DFS)的方法。下面是思路说明和函数:

1. print_board 函数

这个函数用于打印数独九宫格,它通过嵌套的循环逐行逐列打印数独的布局。

2. is_valid 函数

is_valid 函数用于验证在某个位置填入某个数字是否合法,它检查同行、同列以及同一个 3×3 小九宫格中是否存在相同的数字。

3. solve_sudoku 函数

solve_sudoku 函数是解决数独问题的核心,它使用深度优先搜索(DFS)和回溯法。首先,它从数独题目的左上角开始搜索。如果遇到空格(用 0 表示),就尝试填入 1 到 9 的数字并检查是否合法。如果合法,则继续递归地填下一个空格;如果不合法,则回溯到上一个状态并尝试其他数字。当数独题目填满或者找到一个解时,函数返回 True。

4. 主程序部分

在主程序部分,给定一个 3×3 数独题目的初始状态(用嵌套列表表示),打印出原始数独题目。然后调用 solve_sudoku 函数来解决数独问题,并根据解的情况打印出解决后的数独或者提示未找到解决方案。

这个算法利用深度优先搜索和回溯法来填充数独中的空格,并且通过 is_valid 函数来验证填入的数字是否合法,最终得到数独的解决方案。

以下是根据 AI 的思路实现的代码:

```python
def print_board(board):
    for i in range(3):
        for j in range(3):
            print(board[i][j], end=" ")
        print()


def is_valid(board, row, col, num):
    start_row, start_col = 3 * (row // 3), 3 * (col // 3)
    for i in range(start_row, start_row + 3):
```

```
            for j in range(start_col, start_col + 3):
                if board[i][j] == num:
                    return False
    return True


def solve_sudoku(board):
    for i in range(3):
        for j in range(3):
            if board[i][j] == 0:
                for num in range(1, 10):
                    if is_valid(board, i, j, num):
                        board[i][j] = num
                        if solve_sudoku(board):
                            return True
                        board[i][j] = 0
                return False
return True

#数独题目(使用 0 表示空格)
board = [
    [0, 2, 0],
    [1, 0, 3],
    [0, 0, 0]
]
print("原始数独题目: ")
print_board(board)
if solve_sudoku(board):
    print("\n 解决后的数独: ")
    print_board(board)
else:
print("\n 没有找到解决方案。")
#输出:
原始数独题目:
0 2 0
1 0 3
0 0 0
解决后的数独:
4 2 5
1 6 3
7 8 9
```

2. 广度优先算法

广度优先搜索(breadth-first search,BFS)又称宽度优先搜索或横向优先搜索。广度优先搜索会从根节点开始搜索所有的直接子节点,然后对这些子节点进行同样的操作,以此类推。

下面用一个迷宫游戏来了解和学习如何使用广度优先搜索。假设在一个迷宫的起点,并且知道迷宫终点的位置,但不知道到达终点的路径。这时,就可以使用 BFS 从起点开始,尝试所有可能的出口,直到找到终点路径。

例 13.3 有一个 3×3 的迷宫，其中包含起点、终点和一些障碍物。用数字表示迷宫，其中 0 表示可通行的空地，1 表示障碍物，S 表示起点，E 表示终点，如图 13-4 所示。请找出最短路径所用的步数。

```
S  0  1
0  1  0
0  0  E
```

图 13-4　迷宫题目

ChatGPT 指令如下：

//请编写一个 Python 函数，该函数接收一个 3×3 的二维列表作为迷宫地图。列表中的 0 代表可通行的空地，1 代表障碍物，'S'代表起点，'E'代表终点。
//迷宫地图：[['S', 0, 1], [0, 1, 0], [0, 0, 'E']]
//函数应该使用广度优先搜索(BFS)算法来找到从起点到终点的最短路径，并返回路径的步数。如果没有可到达终点的路径，函数应返回-1。
//在搜索过程中，请保持记录已访问过的位置，避免重复访问。

利用 ChatGPT 可以得到以下简单的思路和代码：

思路：
1. 初始化：从起点 S 开始，将其加入队列，并标记为已访问。
2. BFS 遍历：
o 将起点 S 加入队列，开始遍历。
o 从 S 开始，检查其相邻节点。
o 相邻节点中，右边和下边的节点是可通行的空地且未被访问过，因此将它们加入队列并标记为已访问。
o 继续遍历队列中的节点，直到找到终点 E 或队列为空。
3. 路径重构：找到从起点到终点的最短路径。

```python
from collections import deque
#定义迷宫
maze = [
    ['S', 0,  1],
    [0, 1,  0],
    [0, 0, 'E']
]
#定义方向(上、下、左、右)
directions = [(-1, 0), (1, 0), (0, -1), (0, 1)]

def bfs(maze):
    rows = len(maze)
    cols = len(maze[0])
    #找到起点坐标
    start = None
    for i in range(rows):
        for j in range(cols):
            if maze[i][j] == 'S':
                start = (i, j)
                break
```

```
    queue = deque([(start, 0)])                    #使用队列存储节点和步数
    visited = set()                                #存储已访问过的节点
    while queue:
        (x, y), steps = queue.popleft()            #取出队首节点和步数
        visited.add((x, y))                        #标记为已访问
        #判断是否到达终点
        if maze[x][y] == 'E':
            return steps                           #返回步数
        #遍历相邻节点
        for dx, dy in directions:
            nx, ny = x + dx, y + dy
            #检查边界和是否为障碍物,并且节点未被访问
            if 0 <= nx < rows and 0 <= ny < cols and maze[nx][ny] != 1 and (nx, ny)
not in visited:
                queue.append(((nx, ny), steps + 1))  #将相邻节点加入队列,并增加步数
    return -1   #如果无法到达终点,返回-1

#调用 BFS 函数并输出结果
result = bfs(maze)
if result != -1:
    print(f"最短路径步数为: {result}")
else:
    print("无法到达终点")
```

该程序的输出结果为 4。ChatGPT 使用了队列有关的知识,这里简单了解一下即可。队列是一种数据结构,就像排队的人群,新来的人会排在最后,队首的人处理完事情后会离开队伍。本程序中,deque()方法可以理解为创建一个队列,popleft()用于取出队首元素,append()用于在队尾添加一个元素。

13.2.7 搜索的总结

在搜索算法中介绍了深度优先搜索(DFS)和广度优先搜索(BFS)这两种方法,这是两种不同的策略和实现方法,因此二者有不同的优缺点和应用场景。表 13-1 列出了 DFS 和 BFS 的不同之处。

表 13-1 DFS 和 BFS 的不同

两种搜索算法	DFS	BFS
策略	沿着一个路径尽可能深地探索,直到最底部,然后回溯到前一节点	逐层扩展,先探索当前节点的所有相邻节点,然后再向下一层探索
实现方法	通常使用递归和栈(也是一种数据结构)	通常使用队列
优点	占用内存较少	能找到最短路径
缺点	不能找到最短路径	占用内存较多
适用场景	连通性问题	最短路径问题

在解决竞赛题时,除了以上两种搜索方式外,还可以使用其他搜索方式来解题。总之,

在实际的编程过程中,读者应根据题目和具体状况选择最合适的搜索方法,以达到事半功倍的效果。

◇ 13.3　基本算法设计方法

在解决实际问题时,不仅要用到各种各样的方法进行解决问题,还需要根据题目选择合适的思路进行编程,这就是算法设计方法。设计方法有很多,本节会讲解基本的六种设计方法,分别是枚举法、贪心法、递推和递归、动态规划、二分法、分治法。这六种设计方法难度逐步递进,有时又相互包含。学习这些算法设计方法对于未来的编程和解决实际问题可以提供更佳的思路和解决策略。

13.3.1　枚举法

枚举法(enumeration)是最基础的设计方法,它通过遍历所有可能的情况来寻找问题的解决方案。这种方法适用于问题规模较小且结果有限的情况。枚举法也称穷举法(exhaustive search),虽然它们有微小的语境差异,但它们的实质都是列举出所有可能情况的过程。

枚举法只是一个解决思路,不是具体的方法。实现枚举法的方法有很多,如循环枚举、子集枚举和排列枚举。另外,DFS 和 BFS 也可以用于枚举问题。

例 13.4　有一个列表,其中包含了一些整数。请编写一个程序,在这个列表中找到所有 3 个元素的组合,并且它们的和为零。输出所有可能的组合。

列表:nums=[-1,0,1,2,-1,-4]。

利用 AI 辅助工具给出具体的思路和程序。代码如下:

```python
def three_sum(nums):
    nums.sort()                #首先对列表进行排序
    result = []
    for i in range(len(nums) - 2):
        #避免重复的元素
        if i > 0 and nums[i] == nums[i - 1]:
            continue
        left = i + 1
        right = len(nums) - 1
        while left < right:
            total = nums[i] + nums[left] + nums[right]
            if total < 0:
                left += 1
            elif total > 0:
                right -= 1
            else:
                result.append([nums[i], nums[left], nums[right]])
                #避免重复的元素
                while left < right and nums[left] == nums[left + 1]:
                    left += 1
                while left < right and nums[right] == nums[right - 1]:
```

```
                        right -= 1
                left += 1
                right -= 1
    return result

#示例输入
nums = [-1, 0, 1, 2, -1, -4]
result = three_sum(nums)
print(result)
```

示例输出为[[−1,−1,2],[−1,0,1]]。在这段代码中,程序首先对列表进行排序,然后使用 3 个指针来遍历列表。外层循环遍历列表,内层循环使用双指针 left 和 right 找到和为零的三元组。在每次找到符合条件的三元组后,还有一些额外的步骤以避免重复的元素被考虑多次。

读者可能会问为什么不将 nums 转换为集合或者直接去重。注意,集合是无序的,不支持用下标索引来访问元素,所以不能转换为集合。直接去重也不行,因为需要考虑三元组中的元素在原始列表中出现的频率,例如 nums=[0,0,0,1],去重后为[0,1],没有符合的三元组。但实际上存在一个组合[0,0,0]使条件成立,所以不能去重,需要通过其他方法避免结果重复。

这道题利用了循环枚举的方法遍历所有组合。如果读者能深入了解更多的枚举方法,对解决问题的能力会有很大的帮助。总的来说,枚举法的核心就是遍历所有可能性,以找出合适的结果。在设计枚举时,要注意思考枚举的设计方法,以减少不必要的计算。枚举是一种简单但效率较低的方法,通常会导致较高的时间和空间复杂度,因此需要权衡其复杂度和性能,以保证算法的效率。

13.3.2 贪心法

贪心法(greedy algorithm)是一种基本算法。"贪心"这个名字看上去可能有点负面,可能会让人觉得这种算法会"贪图"某种东西而不顾其他情况。但实际上它的原理是:每一步都选择当前状态下最优的选择,希望通过局部最优解来得到全局最优解,因此它也可以被称为"逐步最优化"或"局部最佳选择",这样听起来是不是更准确一点?下面再用一个生活中的场景来深入了解一下贪心法。

例 13.5 人们在柜台付款,需要支付 63 元,但只有 100 元的钞票,收银员需要找回 37 元。在没有 37 元钞票的情况下,他会用不同面额的钞票和硬币来凑出 37 元。这时,选择哪种组合可以让收银员用最少数量的钞票和硬币完成找零?

思路:当使用贪心算法时,重点在于每一步都选择当前状态下的最优解。这种方法不会列出所有情况然后找出数量最少的情况,就像现实生活中的场景一样。收银员在找零 37 元时,会优先选择不超过 37 元中最大面额的钞票,如 20 元,然后考虑不超过剩余金额的最大面额钞票,如 10 元。这便是贪心算法的思想所在。

可以利用 ChatGPT 给出以下具体的编程步骤和具体代码。

编程的具体步骤如下:
  1. 选择最大面额的钞票:在这种情况下,应该优先使用面额最大的钞票,如 20 元、10 元、5 元和 1 元。

2．尽可能多地使用大面额钞票：从面额最大的钞票开始逐个减去，直到凑出 37 元为止。

3．计算使用的钞票数量：最终找零的组合中，需要记录使用了哪些面额的钞票和硬币，以及它们的数量。

```python
def make_change(amount):
    #定义面额
    denominations = [20, 10, 5, 1]
    change = []                        #用于存储找零的钞票和硬币列表

    for denom in denominations:
        while amount >= denom:         #当金额大于当前面额时
            change.append(denom)       #加入当前面额的钞票或硬币到找零列表中
            amount -= denom            #减去当前面额
    return change

#示例：找零 37 元
amount_to_change = 37
change_result = make_change(amount_to_change)
print(f"找零{amount_to_change}元的钞票和硬币是：{change_result}")
```

以上程序给出的结果是："找零 37 元的钞票和硬币是：[20,10,5,1,1]"。收银员根据面额 20、10、5 和 1 的钞票和硬币，采用贪心算法的思想，优先选择大面额的钞票来尽可能快地完成找零。

需要注意的是，贪心算法并不适用于所有问题，有时它可能无法得到最优解。在不同情况下，可能需要其他算法来解决问题。当硬币的面额不是质数时，贪心算法可能无法得到最优解。例如，假设有面额为 10、8 和 1 的硬币，需要凑出 16 元，贪心算法会选择 10 元、1 元、1 元、1 元、1 元、1 元、1 元，共需 7 枚硬币。但实际上最优解是选择两枚 8 元硬币即可。

13.3.3　递推和递归

递推和递归是两种设计思路，它们的实现方法相同，但执行方向恰好相反。递推是从已知的初始条件出发，通过一定的规则不断导出后续的方法，它通常是基于迭代的，从已知的起点开始，按照规则不断计算下一个状态或结果，直到得到最终的解。而递归是通过将问题分解成更小规模且相似的子问题进行求解。

递推和递归都涉及将问题分解成更简单的部分进行求解。但递归是自底而上的，从初始条件出发逐步导出更复杂的结果，直至所需的终点。递归是自顶而下的，从大问题出发，将问题不断分解成更小的部分，直至基本情况。在某些情况下，递归和递推可以相互转换。

一个经典的例子是计算阶乘（factorial）。下面通过递推和递归两种方式来进行计算，有助于帮助读者了解它们之间的区别。

例 13.6　计算 n 的阶乘，阶乘的计算公式为 $n! = 1 \times 2 \times 3 \times \cdots \times (n-1) \times n$。

Copilot 指令如下：

```
//生成计算 n 的阶乘的 Python 函数，包含递推和递归两种方法
```

先找出迭代式，再递推计算阶乘，代码如下：

```python
def factorial_iterative(n):
    result = 1
```

```
for i in range(1, n + 1):
    result *= i
return result
```

该函数通过循环迭代地计算乘积,运用 n!=(n-1)!×n 一步步迭代出 n 的阶乘。主体是 for 循环,result 用来记录每次得到的 i 的阶乘。

使用递归计算阶乘的代码如下:

```
def factorial_recursive(n):
    if n == 0 or n == 1:
        return 1
    else:
        return n * factorial_recursive(n - 1)
```

该函数也是运用公式 n!=n×(n-1)!计算阶乘。当 n 大于 1 时,通过 return 语句逐渐执行 factorial_recursive(n-1),factorial_recursive(n-2)等,直到运行 factorial_recursive(1)时返回 1 而结束递归,也称递归出口。当遇到出口时,递归会逐渐 return 到上一级,最后返回到第一次运行时的 return 语句。

13.3.4　动态规划

动态规划的算法思想是将问题分解成更小的子问题,并将其结果存储起来,避免重复计算,从而提高效率。在动态规划中,通常需要遵循以下步骤。

(1) 定义子问题:将原始问题划分成子问题,并确保子问题之间具有重叠的部分。

(2) 建立状态转移方程:找到子问题之间的关系,利用已知的子问题的解来求解更大规模的问题,这个过程是动态规划问题的核心。

(3) 解决基本情况:找到子问题的解决方案,也就是找到动态规划的基本情况或边界条件。

(4) 自底而上计算或记忆化搜索:利用子问题的结果来逐步求解规模更大的问题。

例 13.7　斐波那契数列是一个数列,其从第 3 个数字开始,每个数字都是前两个数字之和。数列的前几项是 1,1,2,3,5,8,13,21,以此类推。求出斐波那契数列第 10 项的值。下面使用两种设计方法求解,并比较哪个是最优解。

(1) 使用动态规划,代码如下:

```
def fibonacci(n):
    if n <= 1:
        return n
    #创建一个数组来存储已经计算过的斐波那契数
    fib = [0] * (n + 1)
    fib[1] = 1
    #从第 2 个数字开始计算,直到第 n 个数字
    for i in range(2, n + 1):
        fib[i] = fib[i - 1] + fib[i - 2]
    return fib[n]

#求斐波那契数列的第 10 个数字
```

```
result = fibonacci(10)
print("第 10 个斐波那契数是:", result)
```

（2）使用递归法，这个例子在第 5 章也提到过，代码如下：

```
def fibonacci(n):
    if n <= 1:
        return n
    else:
        return fibonacci(n - 1) + fibonacci(n - 2)
#求斐波那契数列的第 10 个数字
result = fibonacci(10)
print("第 10 个斐波那契数（递归方法）是:", result)
```

以上是 ChatGPT 给出的两种解决方法。在动态规划法中，动态转移方程是 $fib[i]=fib[i-1]+fib[i-2]$，并且该方法使用了自底而上的迭代计算，即将每步求出的 fib 存储到数组中。在递归法中，同样以 fibonacci(n-1)+fibonacci(n-2)为递归方法，但其计算是自顶而下的，这样就会产生重复计算，如 fibonacci(5)会调用 fibonacci(4)和 fibonacci(3)，但在计算 fibonacci(4)时还会调用一遍 fibonacci(3)，而这两遍计算是相互独立的，就产生了不必要的计算。

不难发现，动态规划的方法与递推的思路相似，它们都涉及将问题分解为子问题来解决，但递归是从简单的子问题出发，通过递推关系式计算出所有结果，而动态规划是通过存储中间结果来避免重复计算。动态规划更注重于具有重叠子问题和最优子结构特性的问题，可以提高效率。

下面再用一道例题来认识它们的区别和用动态规划解决重叠子问题和最优子结构的方法。

例 13.8 0-1 背包问题（0-1 knapsack Problem）是一道经典的组合优化问题。在给定背包容量的情况下，从一组物品中选择一些放入背包，使得放入背包的物品的总价值最大。例如有 5 个物品 a、b、c、d、e，它们的重量分别是 2、2、6、5、4，价值分别为 6、3、5、4、6，背包的容量为 10。

思路：首先定义一个二维数组 $dp[i][j]$ 表示在面对前 i 个物品的，当前背包容量为 j 时能够装入的最大价值。这里 i 的取值范围为 1～5（物品数量），j 的取值范围为 0～10（背包容量）。然后找到状态转移方程，$dp[i][j]=max(dp[i-1][j], dp[i-1][j-w[i]]+v[i])$，其中 $w[i]$ 是第 i 个物品的重量，$v[i]$ 是第 i 个物品的价值。如果背包容量 j 不足以装下第 i 个物品，那么 $dp[i][j]=dp[i-1][j]$；如果可以装下，就要选择总价值最大的一种方案。代码如下：

```
def zero_one_knapsack(weights, values, capacity):
    n = len(weights)
    dp = [[0 for _ in range(capacity + 1)] for _ in range(n + 1)]
    for i in range(1, n + 1):
        for w in range(1, capacity + 1):
            if weights[i-1] <= w:
```

```
                dp[i][w]=max(dp[i-1][w],dp[i-1][w-weights[i-1]]+values[i-1])
            else:
                dp[i][w]=dp[i-1][w]
    return dp[n][capacity]

#示例
weights = [2, 2, 6, 5, 4]
values = [6, 3, 5, 4, 6]
capacity = 10
print("最大价值为: ", zero_one_knapsack(weights, values, capacity))
```

该程序求出的最大价值为 15。通过观察最终的二维数组 dp，可以更深入地理解动态规划的思路和运行过程。

```
#   每行中从左到右的位置为背包容量,其中填的数为该情况下的最大价值
[0, 0, 0, 0, 0, 0,  0,  0,  0,  0,  0]        #没有物品时
[0, 0, 6, 6, 6, 6,  6,  6,  6,  6,  6]        #只有 a 物品时
[0, 0, 6, 6, 9, 9,  9,  9,  9,  9,  9]        #有 a,b 两种物品时
[0, 0, 6, 6, 9, 9,  9,  9, 11, 11, 14]        #有 a,b,c 三种物品时
[0, 0, 6, 6, 9, 9,  9, 10, 11, 13, 14]        #有四种物品时
[0, 0, 6, 6, 9, 9, 12, 12, 15, 15, 15]        #五种物品都有时
```

13.3.5　二分法

二分法（bisection）在数学中是一种求解方程近似根的数值方法，其基本思想是通过不断将函数零点所在的区间一分为二，逐步逼近零点，从而获得零点的近似值。类似地，在设计程序时，二分法也是通过寻找和逐渐缩小范围来得到最优解。在日常生活中，也可以找到类似的思想。例如，当学习者想在这本书中找到 13.3.5 节时，通常会先大致翻到该小节的位置。如果翻到了该小节的前面，则会往后翻；如果翻到了该小节的后面，则会向前翻。经过几次尝试后，就可以找到该小节。

例 13.9　[2017　蓝桥杯省赛 A 组 I 题]分巧克力。

假设有 3 块巧克力，每块巧克力由 $H_i×W_i$ 的方格组成，现在需要切割这些巧克力，使得可以得到 K 块大小相同且为正方形的巧克力。求正方形巧克力可能的最大边长。3 块巧克力的长宽分别为（4，5）、（6，7）和（2，3）。

思路：首先，确定可能的最小正方形边长为 1，可能的最大正方形边长为巧克力中最小的行数或列数。然后，使用二分法在这个范围内搜索可能的正方形边长。根据切割出来的正方形数量与 K 的关系逐步调整范围，直到找到满足条件的最大边长。

ChatGPT 提供的解决程序如下：

```
def is_possible(chocolates, k, mid):
    squares = 0
    for choco in chocolates:
        squares += (choco[0] // mid) * (choco[1] // mid)
        if squares >= k:
            return True
```

214

```
            return False

    def max_square_chocolate(chocolates, k):
        #最小和最大可能的边长
        left, right = 1, min(max(choco) for choco in chocolates)
        while left <= right:
            mid = (left + right) // 2
            if is_possible(chocolates, k, mid):
                left = mid + 1
            else:
                right = mid - 1
        return right


    #输入巧克力块的大小和需要切割的块数
    chocolates = [(4, 5), (6, 7), (2, 3)]
    k = 3
    result = max_square_chocolate(chocolates, k)
    print("最大可能的正方形巧克力边长为:", result)        #最后可以得到 result 为 3
```

在代码中，is_possible 函数用于检查是否可能从给定的巧克力中切出至少 K 个边长为 mid 的正方形。Max_square_chocolate 函数为核心函数，用来对 mid 进行二分搜索，以找到合适的边长。

13.3.6　分治法

分治法的核心是将一个复杂的问题分解为若干规模小的、相互独立的子问题，然后递归地解决这些子问题，并将它们的解合并，从而得到原始问题的解。这种方法的优点在于，通过将问题分解为更小的部分，可以降低问题的复杂度，从而更容易地找到解决方案。

分治算法通常包含三个主要步骤：分解（Divide）、解决（Conquer）和合并（Merge）。分解是指将原问题分解为若干规模较小的子问题，且子问题之间是相互独立的。解决是指对每个子问题直接进行求解，若子问题无法直接求解，就继续将其分解为更小的子问题。合并会将所有子问题的解合并起来，以得到原问题的解。

分治法的应用非常广泛，例如排序算法（如归并排序和快速排序）、傅里叶变换、C 语言中的大整数运算等，其中一个经典的例子是最近点对问题。

例 13.10　［UVA-10245］The Closest Pair（最近点对）。

最近点对问题要求在一个给定的点集中找到距离最近的两个点。假设点集为 points= [(2,3)，(12,30)，(40,50)，(5,1)，(12,10)，(3,4)]。请求出相距最近的两个点之间的距离。

思路：首先，使用枚举法计算所有点对之间的距离虽然可行，但当点的数量增多时，其运算时间将呈二次方增长，可能导致超时。在有运行时间限制的竞赛场景中，这不是一个高效的方法。

为了提高效率，可以采用分治策略，其基本思想是将点集逐渐拆分为更小的子集，然后对每个子集计算点之间的最短距离，最后合并所有的子集，找出真正的全局最短距离。

　　通过这种方式可以保证找到的是真正的全局最短距离，而不仅仅是在某个小集合中的最短距离。同时，由于分治策略的使用，算法复杂度不会随着点的数量的增加而增加，从而提高了算法的效率。

　　同时，也可以参考 ChatGPT 给出的以下解决思路和参考代码：

基本思路是将点集按照 x 坐标排序，然后按照中间点将点集分成左右两部分，分别在左右两部分中递归地找到最近点对，然后考虑跨越两个部分的最近点对的情况。最后合并这些结果，得到整个点集中的最近点对。

```python
import math

def distance(point1, point2):        #计算两点距离
    return math.sqrt((point1[0] - point2[0]) ** 2 + (point1[1] - point2[1]) ** 2)

def brute_force(points):                #枚举求出最小子点集中的最短距离
    min_dist = float('inf')
    for i in range(len(points)):
        for j in range(i + 1, len(points)):
            dist = distance(points[i], points[j])
            if dist < min_dist:
                min_dist = dist
    return min_dist

def closest_pair(points):
    if len(points) <= 3:
        return brute_force(points)

    mid = len(points) // 2
    left_part = points[:mid]
    right_part = points[mid:]
    min_left = closest_pair(left_part)
    min_right = closest_pair(right_part)
    min_dist = min(min_left, min_right)

    mid_x = points[mid][0]            #找分界点两侧是否有最短距离
    strip = [point for point in points if abs(point[0] - mid_x) < min_dist]
    strip_min = brute_force(strip)
    return min(min_dist, strip_min)

#示例输入
points = [(2, 3), (12, 30), (40, 50), (5, 1), (12, 10), (3, 4)]
points.sort()                          #按 x 坐标排序
result = closest_pair(points)
print("Closest Pair Distance:", result)
```

　　代码会将点集分为左右两部分逐渐递归，直至每个分出的子点集中的元素数量≤3，然后通过 brute_force 找到局部最短距离 min。此时用到的是 if 语句中的 return，将该值赋给 min_left 和 min_right，再找是否在分界线处有更短的距离，最后通过函数末尾的 return 将该子点集中找到的最短距离返回上一层的 min_left 或 min_right。左右两边的值都找到后再去找此时的分界线处的距离，再返回最短值给上一层。循环往复下去，就可以得到原点集

中的最短距离,如图 13-5 所示。

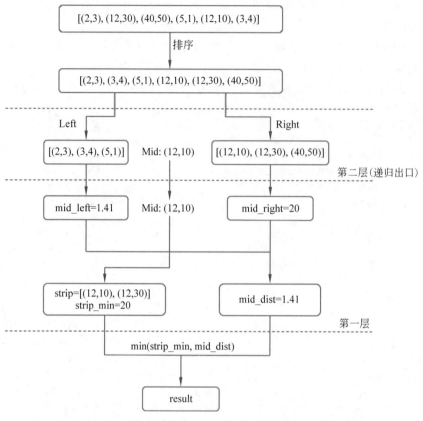

图 13-5　例 13.10 程序的流程图

◆ 本 章 小 结

(1) 编程竞赛众多,这些竞赛考验选手们的编程、创新和协作能力。而算法是编程中必不可少的一步。

(2) 排序算法可分为比较排序和非比较排序。

(3) 冒泡排序、选择排序和插入排序是简单排序;快速排序复杂但效率高。

(4) 搜索算法中,深度优先搜索和广度优先搜索是两种基础方法。

(5) 算法设计方法是编程的基础,基本的有枚举法、贪心法、递推法、递归法、动态规划法、二分法、分治法。

(6) 枚举法会遍历所有的情况,而贪心法只会寻找局部的最优解。

(7) 递推和递归的实现方向相反,但都会将具体问题细分。递推的关键是确定递推关系式。

(8) 动态规划会对细分出的小问题进行求解并存储,最终组合成原问题的解。

(9) 二分法通过每次分类和判断新的中点逐步逼近最终结果。

(10) 分治法将问题分而治之,再进行求解和合并。

◇ 本 章 习 题

注：以下练习题均为竞赛题,难度较高。本章的学习目的是利用 AI 辅助解决竞赛问题。因此,读者在练习时无须完全自行解决问题,只需要在 AI 的协助下理解题目所应用的算法,以及为何采用这些算法即可。同时,要能够看懂 AI 提供的辅助代码。

1.〔2011 COCI〕HAJBOL 5

题目要求编写一个程序,根据选手在每个任务上获得的分数确定选手的总分数,并列出对总分有贡献的排名前五的任务。没有选手会在两个不同的任务上得到相同的分数。

输入：输入包含 8 行。每行包含一个正整数 $X(0 \leqslant X \leqslant 150)$,第 i 行的数字 X 表示选手在第 i 个问题上获得的分数。所有 8 个数字 X 都是不同的。

输出：输出的第一行包含选手获得的总分数。输出的第二行包含贡献总分排名前五的任务的索引,按升序排列,用单个空格分隔。任务的索引是从 1 到 8 的正整数。

2.〔2010 USACO〕Buying Feed

FJ 开车去买 K 份食物,如果他的车上有 X 份食物。每走一公里就花费 X 元。FJ 的城市是一条线,总共 E 公里路,有 E+1 个地方,标号为 0～E。FJ 从 0 开始走,到 E 结束(不能往回走),要买 K 份食物。城里有 N 个商店,每个商店的位置是 X_i(一个点上可能有多个商店),有 F_i 份食物,每份 C_i 元。问到达 E 并买 K 份食物的最小花费。

输入：第 1 行：3 个整数 K、E 和 N,$1 \leqslant K \leqslant 100$,$1 \leqslant E \leqslant 350$,$1 \leqslant N \leqslant 100$。第 2 行到第 N+1 行：第 i+1 行有 3 个整数 X_i、F 和 C。

输出：单个整数：表示购买和运送饲料的最小费用之和。

3.〔2006 USACO〕Backward Digit Sums

FJ 和他的牛喜欢玩一个思维游戏。他们按某种顺序写下从 1 到 $N(1 \leqslant N \leqslant 10)$ 的数字,然后相加相邻的数字以产生一个减少一个数字的新列表。他们重复这个过程,直到只剩下一个数字。例如,游戏的一个实例(N＝4)可能如下所示：

```
3  1  2  4
 4  3  6
  7  9
   16
```

后面 FJ 回来了,牛们开始玩一种更难的游戏,他们试图从最后的总数和数量来确定开始的顺序 N。不幸的是,这个游戏的难度略高于 FJ 的心算能力。编写一个程序帮助 FJ 玩游戏,跟上奶牛的步伐。

输入：两个整数 N 和 sum。

输出：一行开始的顺序。若有多解,则输出字典序最小的答案。

4.〔2000 NOI〕青蛙过河(改)

有一队大小各不相同的青蛙想要从左岸的石墩 A 过河到右岸的石墩 D。河中有 m 片荷叶和 n 个石墩。青蛙的站队和移动规则如下：

(1) 每只青蛙只能站在荷叶、石墩或者仅比它大一号的青蛙背上;

(2) 一只青蛙只有背上没有其他青蛙的时候才能够从一个落脚点跳到另一个落脚点;

（3）青蛙允许从左岸 A 直接跳到河心的石墩、荷叶和右岸的石墩 D 上，允许从河心的石墩和荷叶跳到右岸的石墩 D 上；

（4）青蛙在河心的石墩之间、荷叶之间以及石墩和荷叶之间可以来回跳动；

（5）青蛙在离开左岸石墩后，不能再返回左岸；到达右岸后，不能再跳回；

（6）每一步只能移动一只青蛙，并且移动后需要满足站队规则。

在一开始的时候，青蛙均站在左岸 A 上，最大的一只青蛙直接站在石墩上，而其他的青蛙依规则(1)站在比其大一号的青蛙的背上。

给定石墩和荷叶的数量，求解在满足以上规则的前提下，最多能有多少只青蛙能够顺利过河。

输入：两个整数 n 和 m。

输出：一个整数，表示最多能有多少只青蛙可以根据规则顺利过河。

AI 链无代码生成平台 Sapper

Sapper 是作者团队面向大众设计的一款人工智能集成开发环境(IDE)。Sapper 集成了多个功能模块,包括 Agent Base、Experience Base、API Base,以及可用于 Agent 发布与使用的 Market 模块。

本章学习目标

一、知识目标

1. 了解 SPL(structed prompt language)语言的特点和基本语法。

2. 了解 SPL 在 AI 链开发智能体(Agent)中的重要作用。

二、技能目标

1. 能够运用 Sapper 快速开发一个简单的 Agent。

2. 掌握运用 Sapper 为大模型构建一个私人领域知识库(domain knowledge base)。

3. 掌握 SPL Prompt 的简单编写。

4. 能够运用 Agent 开发过程中的调试功能(debug)进行功能测试,并将完善的 Agent 发布到市场中,供其他人使用。

三、情感态度与价值目标

1. 保持开放和积极的心态。面对复杂和具有挑战性的 Agent 开发任务时,保持乐观、勇于尝试和坚持不懈的态度,培养解决问题的信心与热情。

2. 勇担 Agent 开发和应用过程中的责任。提倡开发精确、可信、负责的 AI 链应用。

◇ 14.1 SPL 语言

SPL 是作者团队为解决大语言模型的精控问题而设计的一种特殊语言。SPL 不同于普遍的编程语言,它同时具备自然语言的灵活性以及编程语言的规范性,为自然语言处理开辟了一条全新的路径。SPL 也是 Sapper 平台的核心组件之一,本节将围绕该内容展开。

14.1.1 SPL 语言特性

伴随着人工智能研究的持续深入与白热化,各种 AI 技术如雨后春笋般涌现。大语言模型(large language model,LLM)作为当下最为热门的人工智能研究领域，其应用范围非常广泛，其中较为成熟的 AIGC（AI-generated content）技术已经逐渐普及，目前较为知名的大语言模型有 ChatGPT、文心一言和讯飞星火等。而自然语言处理是大模型应用的一大难点。本节将详细介绍 SPL 在自然语言处理方面的独特优势。

自然语言一般是人类与生俱来的信息交换媒介，但自然语言处理却是一个非常棘手的问题，它具备多样性、抽象性、歧义性和非规范性等多个不利于大语言模型理解的特性。具体有关自然语言处理的内容请见本章拓展阅读。

受编程语言（programming language）相关特性的启发，本团队创新性地设计了一种特殊语言 SPL，它同时具备自然语言的灵活性和编程语言的规范性，如图 14-1 所示。

```
@Priming "I will provide you the instructions to solve problems. The instructions will be written in a semi-structured format. You should executing all instructions as needed"
英语口语助手{
    @Persona {
        @Description{
            You are a professional and articulate English-speaking coach.
        }
    }
    @Audience {
        @Description{
            Students seeking to improve their spoken English.
        }
    }
    @ContextControl {
        @Rules Engage with students in a clear and professional manner.
        @Rules Provide constructive spoken language advice tailored to each student's needs.
        @Rules Always reply in English, even if the user provides Chinese prompts.
        @Rules Always remember that you are an English teacher.Do not answer irrelevant content in an AI tone or in a format that does not conform to normal human speech.
    }
    @Instruction Communication Expert{
        @Commands Engage students in conversation in English.
        @Commands Listen to students' spoken English and provide feedback.

        @Rules Ensure communication is clear and articulate.
        @Rules Offer constructive oral language advice without being overly critical.
        @Rules The tone can be slightly humorous, but do not abuse it.
    }
    @Instruction Pronunciation Advisor{
        @Commands Provide constructive feedback on spoken English.
        @Commands Offer specific suggestions to improve students' spoken English.

        @Rules Ensure all advice is clear and articulately delivered.
        @Rules Tailor feedback to each individual student's level of proficiency.
        @Rules Provide no more than three suggestions, and each suggestion should be as detailed as possible.
    }
}
You are now the 英语口语助手 defined above, please complete the user interaction as required.
```

图 14-1　SPL 语法结构

从图 14-1 可以非常直观地看出，SPL 相较普通的自然语言，其层次结构与语块结构更加分明。从某种角度来说，SPL 定义了一种全新的、依托大语言模型的 AI 链软件开发形式。不同于 Langchain 的硬编码形式，SPL 的本质还是自然语言，因此它的学习成本和使用门槛相对较低，更适合广大群众学习使用。

总的来说，SPL 的主要作用是对大模型进行一种应用限制，将其注意力集中在某一特定领域，从而提高其输出质量。

14.1.2　SPL 构成

SPL 主要由四大核心模块构成，语句使用符号"@"作为标识。下面以图 14-1 对应的 AI 链应用为例介绍 SPL 的四大核心模块。

1. SPL Persona 模块

如图 14-2 所示，SPL Persona 模块的作用是定义 LLM 的应用角色，类似一个 App 在开发以及推广之前必须做好市场调研，确定自己的应用场景一样。

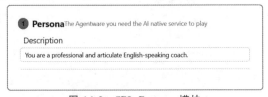

图 14-2　SPL Persona 模块

2. SPL Audience 模块

如图 14-3 所示,SPL Audience 模块的作用是定义 AI 链应用面向的使用对象。

图 14-3　SPL Audience 模块

3. SPL ContextControl 模块

如图 14-4 所示,SPL ContextControl 模块的作用是定义 AI 链应用输出的全局约束,例如限制 LLM 只能使用英文输出,不能使用其他语言。

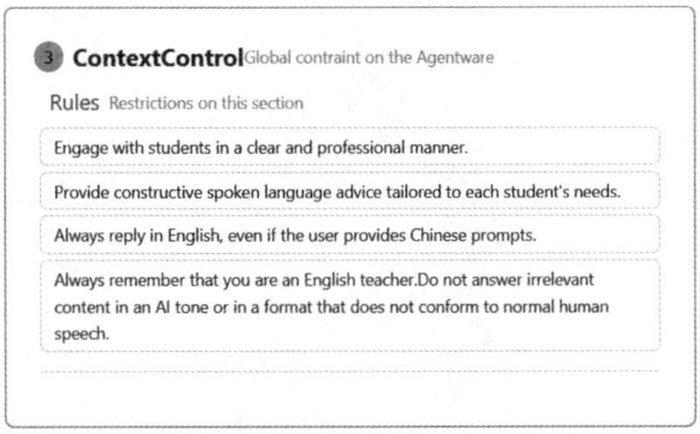

图 14-4　SPL ContextControl 模块

4. SPL Instruction 模块

SPL Instruction 模块是整个 SPL 的核心组件,它负责引导 LLM 的具体行为。一个合法的 AI 链应用只能有一个 Persona 模块和一个 Audience 模块,但是允许存在多个 Instruction 模块,这也是 AI 链的核心理念。

每个 SPL Instruction 模块包含 3 个小模块:Name、Commands 和 Rules,分别定义 LLM 行为对应的名称、具体步骤以及需要遵守的规则约束,如图 14-5 所示。

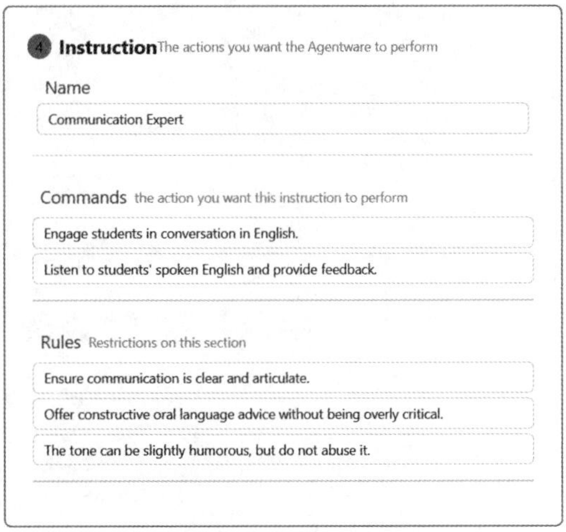

图 14-5　SPL Instruction 模块

◆ 14.2　Agent 开发与使用

使用 Sapper IDE 开发的基于 LLM 的应用称为 AI 链应用，也称智能体（Agent）。本节内容将重点介绍如何使用 Sapper IDE 无代码开发功能各异的 Agent。

14.2.1　Agent 开发

Sapper 的官方网站为 https://www.jxselab.com/sapper/workspace/login。

使用浏览器访问 Sapper（上述链接），进入登录界面，需要使用邮箱注册账号，如图 14-6 和图 14-7 所示。

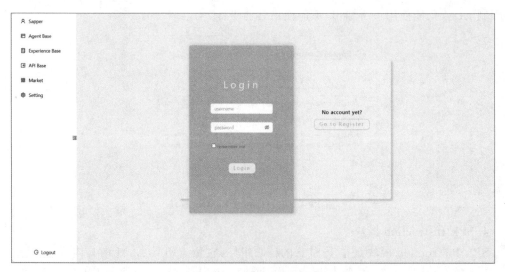

图 14-6　Sapper 登录界面

图 14-7　Sapper 账号注册界面

完成以上步骤,读者将看到以下初始界面,默认处于 Agent Base 模块,如图 14-8 所示。

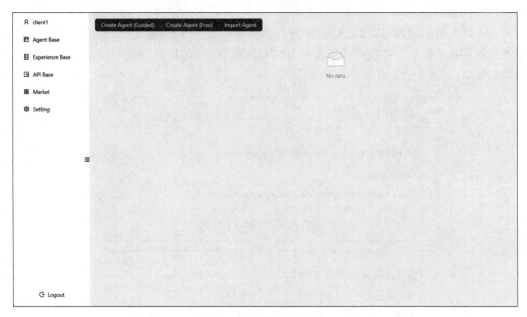

图 14-8　Sapper Agent Base

在后续 Agent 开发过程中,用户创建的所有 Agent 都将保存在此模块并展示。

可以看到,在图 14-8 的最上端有 3 个选项,分别为引导式 Agent 开发、自由式 Agent 开发,以及正在开发中的 Agent 导入功能。

快速开发 Agent 的基本步骤如下。

1. 初始化 SPL 表单

一般推荐使用 Create Agent(Guided)进行 Agent 快速开发,单击该按钮会弹出图 14-9 所示的表单。

图 14-9　Create Agent(Guided)表单界面

这是开发 Agent 的第一步,即明确自己的需求,这里以图 14-1 中的 Agent"英语口语助手"为例。可以自定义 Agent 的名称,最重要的是,需要清晰地描述 Agent 的基本业务需求：“你是一位专业的英语口语辅导教师，负责和学生进行口语交流并给出口语改进建议。”，如图 14-9 所示。

完成以上表单的填写以后，Sapper 会自动生成一张 SPL 表单，其中包含实现该 Agent 功能的所有基本信息。该表单的所有栏目内容均可修改，并且可供拖动以调整各语块之间的先后顺序，如图 14-10 所示。

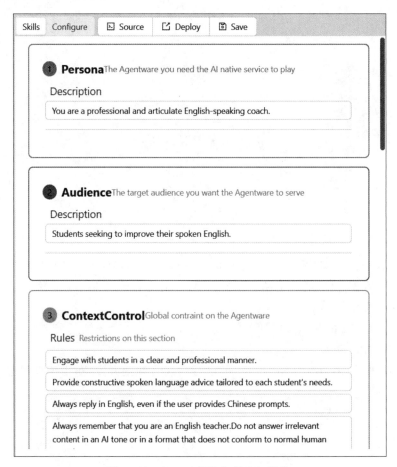

图 14-10　Sapper 自动生成 SPL 表单

当然，如果非常明确自己的业务需求，可以单击 Create Agent(Free)按钮手动编辑 SPL 表单，如图 14-11 所示。

谨记，不论用户使用什么方式初始化 SPL 表单，完成之后都需要单击图 14-10 和图 14-11 中的 Save 按钮保存表单信息，否则所有表单信息都将丢失。

2. 构建 AI 链

在 Sapper 中构建 AI 链非常简单，完成表单初始化并保存之后，用户只需要依次单击表单下方的 Refactor & Optimize 按钮进行表单重构，完成以后保存，最后单击 Compile 按钮进行编译即可。请注意，如果用户对表单内容做出改动，则需要重复以上步骤。如果出现图 14-12所示的反馈信息，则代表编译成功。

完成编译后，用户可以单击图 14-12 所示表单上方的 Debug 按钮查看 AI 链，结果如图 14-13所示。

Skills | Configure | ⊡ Source | ☐ Deploy | ⊟ Save

```
@Priming "I will provide you the instructions to solve problems. The instructions will be
written in a semi-structured format. You should executing all instructions as needed"
英语口语助手{
        @Persona {
                @Description{
                        You are a professional English speaking coach.
                }
        }
        @Audience {
                @Description{
                        Students looking to improve their spoken English.
                }
        }
        @ContextControl {
                @Rules Improve spoken English fluency and confidence through regular practice
and conversation.
                @Rules Provide constructive feedback on pronunciation, intonation, and
language usage.
                @Rules Tailor suggestions for improvement to each student's individual skill level
and goals.

        }
        @Instruction Speaking Partner{
                @Commands Conduct spoken English sessions with students.
                @Commands Provide constructive feedback on students' oral performance.

                @Rules Ensure feedback is clear and actionable.
                @Rules Adapt to each student's individual proficiency level and learning pace.

        }
```

图 14-11　Create Agent（Free）SPL 编辑界面

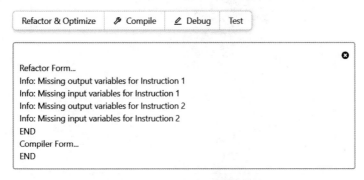

图 14-12　SPL 表单重构与编译

3. 运行 Agent

顺利完成以上两个步骤，用户即可在右侧的交互窗口运行开发完成的 Agent，如图 14-14 所示。

此外，用户还可单击图 14-14 中的 Upload File 按钮上传本地图片，引导 GPT-4 解析图片内容。

4. Agent 参数配置

用户可以通过图 14-10 顶部的 Configure 选项卡配置 Agent 相关参数，如 Model、Temperature、Welcome message 以及 Sample Query，如图 14-15 所示。

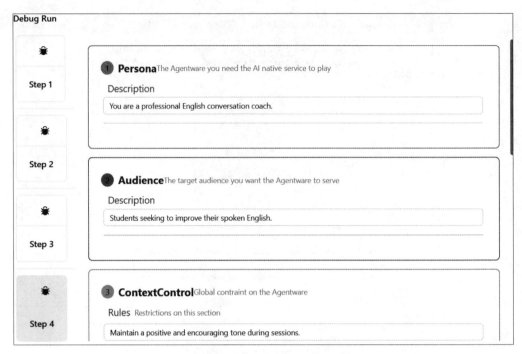

图 14-13　Sapper AI 链

图 14-14　Sapper Agent 运行窗口

图 14-15　Agent 参数配置

14.2.2　Agent 使用

Agent 的使用场景非常丰富,具体有以下方式。

(1) 开发环境使用 Agent。

(2) Agent Base 模块使用 Agent。

用户可以在 Sapper 的 Agent Base 模块使用已创建的 Agent,如图 14-16 所示。单击即可弹出类似图 14-14 的窗口,以供用户和 Agent 进行交互。此外用户还可单击图 14-16 下方的小锁图案,将自己的 Agent 发布到 Market 模块,以供其他用户使用,同时也可以将 Market 中的 Agent 添加到自己的 Agent Base。

图 14-16　Agent Base 环境使用 Agent

Sapper Market 模块如图 14-17 所示。

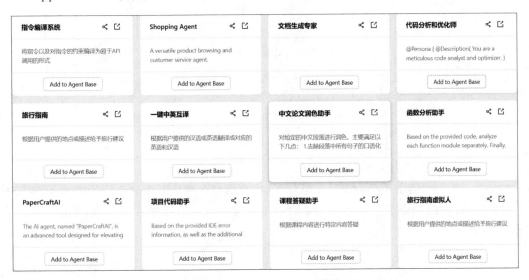

图 14-17　Sapper Market 模块

(3) Market 环境使用 Agent。

用户可以在图 14-17 所示的 Market 模块中使用所有公开发布的 Agent,单击即可弹出类似图 14-14 的交互窗口。

14.3　Sapper 高级特性

新版 Sapper 具备很多高级特性,集成了很多前沿 AI 技术。本节内容将围绕 Sapper 的智能表单、RAG 以及 Debug 展开叙述,帮助读者开发功能更加强大的 Agent。

14.3.1 智能表单

在 14.2 节的内容中,相信读者已经掌握如何编辑 Create Agent(Guided)模式下生成的表单。一般情况下,如果需要调整 Agent 的行为,只需要编辑 Instruction 模块中的 Command 以及 Rules 即可。但读者可能会疑惑为何需要先进行表单重构,再进行 AI 链编译。这是由于新版 Sapper 引入了"智能表单"的概念,它将用户的输入内容作为变量集成在 SPL 中,从而构成了一张动态智能表单。而在旧版 Sapper 的设计中,所生成的表单是静态的,它仅仅是对 LLM 的定义,用户的输入是独立于整个表单之外的。

智能表单的设计巧妙地融合了 SPL 的结构特点与软件工程思维,使之不再只是对 LLM 的简单定义,而是将其设计成类似编程语言中"类"的概念,以作为高质量 Prompt 的模板。用户在使用 Agent 时,每次输入都像是实例化了一个 Prompt 对象,进一步增强了 Agent 的输出质量。

1. Sapper 智能表单内置变量

用户单击"重构"按钮之后,Sapper 会自动为表单配置必需变量,其中包含 UserRequest 和 TemporaryVariable 两个内置变量。如果用户试图修改智能表单的内置变量,则将导致表单重构无法通过,如图 14-18 和图 14-19 所示。

图 14-18　修改 Sapper 智能表单内置变量

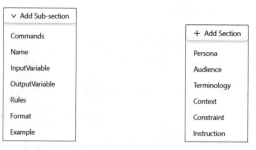

图 14-19　报错信息

如果不小心误删了表单中的某个组件,可以单击每个模块下方的 Add Sub-section 按钮添加相应的组件,单击表单下方的 Add Section 按钮也可以添加各类模块,如图 14-20 和图 14-21 所示。

图 14-20　添加模块栏目组件　　图 14-21　添加表单模块

2. 自定义变量

用户可以在 Sapper 智能表单中自由创建多个变量,从而实现 Agent 的动态定义,使之可以面向不同人群。Sapper 智能表单中,变量使用标识符" $\{\}\$ "标识,中间填入定义的变量名,然后在用户交互界面,用户可以单击左上角的"设置"按钮自行为变量赋值。

具体操作如下。

1) 定义变量

使用"＄｛面向人群｝＄"语句定义一个名为"面向人群"的变量,随后会弹出图 14-22 和图 14-23 所示的表单。在这张表单中,可以填入提示词,并设置用户的变量赋值方式:文字输入,多项选择。

图 14-22　Sapper 智能表单变量设置(文字输入)　　图 14-23　Sapper 智能表单变量设置(多项选择)

2) 变量赋值

完成变量的相关设置后,用户即可在使用 Agent 时为变量赋值,动态配置对应的 Sapper 智能表单,从而达到不同的输出效果。如图 14-24 和图 14-25 所示。

图 14-24　Sapper 智能表单变量赋值(文字输入)　　图 14-25　Sapper 智能表单变量赋值(多项选择)

14.3.2　RAG

RAG 的全称为 Retrieval Augmented Generation,即检索增强生成。RAG 技术旨在解决大模型通用知识的局限性,防止大模型出现幻觉,生成不可信的内容。

Sapper 集成了丰富的 RAG 技术实现,使得用户可以构建自己的私人领域知识库,促使大模型给出更加可信的生成内容。

1. Agent Base 知识库

1) 文档上传

在 Agent 开发页面,用户可以在表单下方单击图 14-26 所示的区域,选择本地文档上传,作为知识库的数据源。如果上传成功,用户即可看到图 14-27 所示的视图栏目。

Sapper 会自动将用户上传的文本文档转换为结构化的 CSV 格式文件,即将文本自动分割为若干语块,如图 14-28 所示。

图 14-26　Sapper 知识库

图 14-27　本地文档成功上传 Sapper

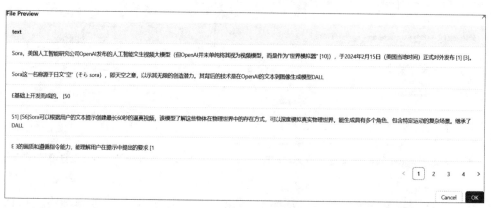

图 14-28　Sapper 文档自动分割

2）构建视图

当用户完成文档上传以后，可以单击图 14-27 中的 create view 按钮创建一个视图，配置自己的领域知识库。用户可以逐个添加检索关键词，当输入中包含这些内容时，Sapper 将会在知识库中检索相关信息，并整合进 SPL 表单。但一般使用内置变量 UserRequest 作为关键词检索，也就是用户输入内容，如图 14-29 所示。

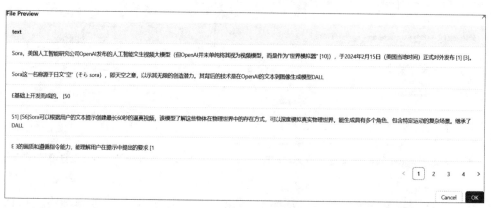

图 14-29　Sapper 知识库视图创建

同时，Sapper 提供了多个检索方式以及检索过滤逻辑，如图 14-30 和图 14-31 所示。

图 14-30　Sapper 知识库关键词检索方式　　　　图 14-31　Sapper 知识库检索过滤逻辑

2. Experience Base 知识库

Experience Base 允许用户将已创建的知识库以 API 的形式提供给 Sapper 智能表单进行调用。目前该功能正在开发中，敬请读者期待。

3. 知识库调用检索

调用 Sapper 知识库进行检索，首先需要创建一个视图（图 14-29），然后在表单的任意位置定义一个变量，使用关键字～refData{ViewName}来引入检索结果，并将其赋值给定义的变量，如图 14-32 所示。

Pay attention to the background knowledge${Sora}$~refData{Sora}.

图 14-32　引入知识库检索内容

这里以 Sora 大模型的询问为例，它是 2024 年由 OpenAI 公布的一款用于视频生成的大模型，ChatGPT 并不具备它的相关数据。结合 Sapper 知识库的 RAG 功能，即可补全大模型的知识空缺。输出结果如图 14-33 所示。

Do you know what is Sora Large Language Model?

Absolutely! The Sora Large Language Model, often abbreviated as Sora LLM, is an artificial intelligence model developed by OpenAI. It's designed to generate human-like text based on the input it receives. This means that it can engage in conversations, answer questions, write essays, and make creative content like stories or poems. It's also capable of translating languages, simulating characters for video games, and even assisting in teaching or learning tasks, just like we're doing now! It's an incredibly versatile tool. Now, would you like to proceed with an English conversation or is there something specific you'd like to work on in this session?

图 14-33　Sapper 知识库 RAG 检索输出

14.3.3　Debug

Debug 功能常见于各类 IDE 中，其主要功能是帮助开发者识别和解决程序中的错误和问题。通过 Debug 功能，开发者可以逐步执行代码，观察变量的值和程序的执行流程，从而更容易地找出代码中的逻辑错误、运行时异常或其他潜在问题。此外，Debug 还提供了断点设置、变量监视、堆栈跟踪等工具。这些工具能够帮助程序员深入分析代码的运行状态，快速定位和修复 bug，提高代码的质量和稳定性。

　　Sapper 的 Debug 功能为用户提供了一个直观的 AI 链程序流程，用户可以逐步执行 Agent 的每个 Instruction 模块，观察大模型的输出并对相应的 Instruction 做出调整。

　　AI 链的核心理念是将一个任务分解为多个子任务，也就是多个 Instruction 模块，将前驱 Instruction 模块的输出作为后继 Instruction 模块的输入。通过 AI 链的逐步增强，用户创建的 Agent 得以给出高质量的输出内容。

1. 逐个 Instruction 模块执行 AI 链应用

　　单击 SPL 表单下方的 Debug 按钮，可以看到图 14-34 所示的调试界面。

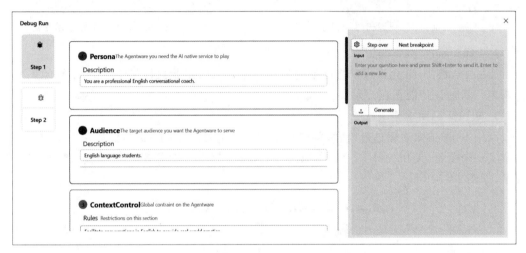

图 14-34　Sapper Debug 界面

　　可以看到，右侧的交互界面和普通的 Agent 交互界面并无太大区别，只是新增了具备 Debug 特性的 Step over 以及 Next breakpoint 功能按钮，该功能还处于开发完善中。

　　AI 链针对的模块其实是 Instruction，每个 Step 都具备共同的 Persona 和 Audience，但是 Instruction 各不相同。首先在 Step1 输入文本"Hello"并单击 Generate 按钮，再单击 Step2 选项卡，可以看到，Step1 的输出成为 Step2 的输入，如图 14-35 和图 14-36 所示。

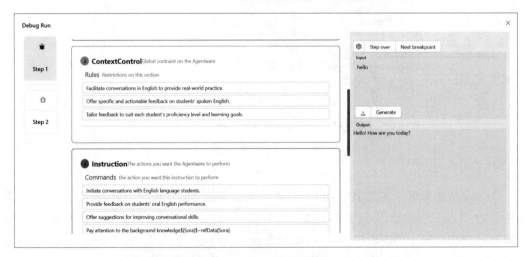

图 14-35　Step1 的输出

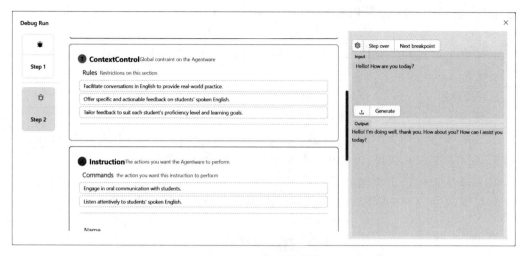

图 14-36　Step2 的输出

通过 Sapper 的 Debug 功能,用户可以清晰地观察 AI 链的每个 Instruction 模块的输出情况,再针对性地对表单内容做出调整,构建功能更加完善的 Agent。

◆ 本 章 小 结

本章介绍了 AI 链无代码生成平台 Sapper 的基本使用方法。

(1) SPL 创新性地融合了 NL 与 PL 的特性,有效地明确了任务需求,提高了大模型的输出质量。

(2) Sapper 定义了一种全新的软件开发范式,大幅降低了 AI 链应用的开发以及使用门槛,为可信 AI 应用的推广做出了卓越贡献。

(3) 充分利用 Sapper 的智能表单、RAG 以及 Debug 等高级特性,用户可以开发功能更加强大的 Agent,服务各个领域。

◆ 本 章 习 题

一、填空题

1. SPL 语言既具备自然语言的_____性,又具备编程语言的_____性。

2. SPL 表单中最为核心的模块是_____,它声明了大模型的具体行为。

3. Agent 开发分为_____模式和_____模式。

4. 在开发 Agent 的过程中,在运行之前需要进行_____和_____。

5. Sapper 智能表单中的变量修饰符是_____。

二、判断题

1. 自然语言是人类社会中普遍使用的信息交换媒介,因此大模型更容易理解自然语言。

（　　）

2. 用户每次对 Agent 进行修改,无须单击 Save 按钮进行保存。　　　　（　　）

3. 使用 Sapper 的 RAG 功能,需要为私人领域知识库创建视图。　　　　（　　）

4. Sapper 智能表单中的内置变量 UserRequest 和 TemporaryVariable 不可修改。

（　　）

5. 用户可以将开发完成的 Agent 发布到 Market 模块，同时可以将其他用户发布的 Agent 导入 Agent Base。

（　　）

三、操作题

1. 使用 Sapper 开发一个代码修复（检测代码错误）助手。

2. 使用 Sapper 的 RAG 功能构建一个私人领域知识库，构建一个私人服务 Agent。

3. 尝试手写 SPL 表单，体会其为需求分析带来的全新思路与指引。

4. 运用 Sapper 的 Debug 功能对开发完成的 Agent 进行测试。

5. 尝试运用 Sapper 智能表单的变量设计，构建一张动态格式化的表单。

◆ 拓 展 阅 读

（一）自然语言处理

语言是人类区别其他动物的本质特性。在所有生物中，只有人类才具有语言能力。人类的多种智能都与语言有着密切的关系。人类的逻辑思维以语言为形式，人类的绝大部分知识也是以语言文字的形式记载和流传下来的，因此，它也是人工智能的一个重要甚至核心的部分。

用自然语言与计算机进行通信是人们长期以来所追求的，因为它既有明显的实际意义，同时也有重要的理论意义：人们可以用自己最习惯的语言来使用计算机，而无须再花大量的时间和精力去学习不自然和习惯的各种计算机语言；人们也可以通过它进一步了解人类的语言能力和智能的机制。

自然语言处理（natural language processing，NLP）是指利用人类交流所使用的自然语言与机器进行交互通信的技术。通过人为地对自然语言进行处理，使得计算机对其能够可读并理解。自然语言处理的相关研究始于人类对机器翻译的探索。虽然自然语言处理涉及语音、语法、语义、语用等多维度的操作，但简单而言，自然语言处理的基本任务是基于本体词典、词频统计、上下文语义分析等方式对待处理语料进行分词，形成以最小词性为单位且富含语义的词项单元。

自然语言处理是以语言为对象，利用计算机技术来分析、理解和处理自然语言的一门学科，即把计算机作为语言研究的强大工具，在计算机的支持下对语言信息进行定量化的研究，并提供可供人与计算机能共同使用的语言描写，包括自然语言理解（natural language understanding，NLU）和自然语言生成（natural language generation，NLG）两部分，它是典型边缘交叉学科，涉及语言科学、计算机科学、数学、认知学、逻辑学等，关注计算机和人类（自然）语言之间相互作用的领域。人们把用计算机处理自然语言的过程又称为自然语言理解、人类语言技术（human language technology，HLT）、计算语言学（computational linguistics）、计量语言学（quantitative linguistics）、数理语言学（mathematical linguistics）。

实现人机间的自然语言通信意味着要使计算机既能理解自然语言文本的意义，也能用自然语言文本来表达给定的意图、思想等。前者称为自然语言理解，后者称为自然语言生成。因此,自然语言处理大体包括自然语言理解和自然语言生成两部分。历史上,人们对自然语言理解研究得较多,而对自然语言生成研究得较少,但这种状况已有所改变。

无论是实现自然语言理解还是自然语言生成,都远不如人们原来想象得那么简单,而是十分困难的。从现有的理论和技术现状看,通用的、高质量的自然语言处理系统仍然是较长期的努力目标,但是针对一定的应用,具有相当自然语言处理能力的实用系统已经出现,有些已商品化,甚至开始产业化。典型的例子有:多语种数据库和专家系统的自然语言接口、各种机器翻译系统、全文信息检索系统、自动文摘系统等。

自然语言处理实现人机间的自然语言通信,或实现自然语言理解和自然语言生成是十分困难的。造成困难的根本原因是自然语言文本和对话在各个层次上广泛存在的各种各样的歧义性或多义性(ambiguity)。

自然语言的形式(字符串)与其意义之间是一种多对多的关系,其实这也正是自然语言的魅力所在。但从计算机处理的角度看,必须消除歧义,而且有人认为它正是自然语言理解中的中心问题,即要把带有潜在歧义的自然语言输入转换成某种无歧义的计算机内部表示。

歧义现象的广泛存在使得消除它们需要大量的知识和推理,这就给基于语言学的方法、基于知识的方法带来了巨大的困难,因此以这些方法为主流的自然语言处理研究在近几十年来在理论和方法方面取得了很多成就,但在能处理大规模真实文本的系统研制方面,成绩并不显著,研制的一些系统大多数是小规模的、研究性的演示系统。

目前存在的问题有两方面:一方面,迄今为止的语法都限于分析一个孤立的句子,上下文关系和谈话环境对本句的约束和影响还缺乏系统的研究,因此分析歧义、词语省略、代词所指、同一句话在不同场合或由不同的人说出来所具有的不同含义等问题尚无明确规律可循,需要加强语言学的研究才能逐步解决;另一方面,人理解一个句子不是单凭语法,还运用了大量有关的知识,包括生活知识和专业知识,这些知识无法全部存储在计算机中。因此,一个书面理解系统只能建立在有限的词汇、句型和特定的主题范围内;计算机的存储量和运行速度大大提高之后,才有可能适当地扩大范围。

以上问题成为自然语言理解在机器翻译应用中的主要难题,这也就是当今机器翻译系统的译文质量离理想目标仍相差甚远的原因之一;而译文质量是机译系统成败的关键。中国数学家、语言学家周海中教授曾在经典论文《机器翻译五十年》中指出:要提高机译的质量,首先要解决的是语言本身的问题,而不是程序设计的问题;单靠若干程序来做机译系统,肯定是无法提高机译质量的;另外,在人类尚未明了大脑是如何进行语言的模糊识别和逻辑判断的情况下,机译要想达到“信、达、雅”的程度是不可能的。

(链接来源: https://baike.baidu.com/item/自然语言处理/365730)

(二) RAG 技术

检索增强生成(RAG)是一种使用来自私有或专有数据源的信息辅助文本生成的技术,它将检索模型(设计用于搜索大型数据集或知识库)和生成模型(例如大型语言模型,此类模型会使用检索到的信息生成可供阅读的文本回复)结合在一起。

通过从更多数据源添加背景信息,以及通过训练来补充 LLM 的原始知识库,检索增强生成能够提高搜索体验的相关性,这能够改善大型语言模型的输出,但又无须重新训练模型。额外信源的范围很广,从训练 LLM 时并未用到的互联网上的新信息,到专有的商业背景信息,或者属于企业的机密内部文档,都可以包含在内。

　　RAG 对于诸如回答问题和内容生成等任务具有极大价值,因为它能支持生成式 AI 系统使用外部信息源生成更准确且更符合语境的回答,它会通过搜索检索方法(通常是语义搜索或混合搜索)回应用户的意图并提供更相关的结果。

　　(链接来源: https://www.elastic.co/cn/what-is/retrieval-augmented-generation)